分布式系统与一致性

陈东明◎著

电子工业出版社·
Publishing House of Electronics Industry
北京·BEIJING

内 容 简 介

一致性是非常重要的分布式技术。众所周知，分布式系统有很多特性，如可用性、可靠性等，这些特性多多少少会与一致性产生关系，受到一致性的影响。要全面研究、掌握分布式技术，一致性是绕不开的一个话题，也是最难解决的一个问题。本书主要介绍 GFS、HDFS、BigTable、MongoDB、RabbitMQ、ZooKeeper、Spanner、CockroachDB 系统与一致性有关的实现细节，以及非常重要的 Paxos、Raft、Zab 分布式算法；本书还介绍了事务一致性与隔离级别、顺序一致性、线性一致性与强一致性相关内容，以及架构设计中的权衡等。

从分布式技术的角度来说，本书讲解了分布式领域比较高阶的内容，但是从分布式一致性的角度来说，本书仍然是一致性的入门书。

图书在版编目（CIP）数据

分布式系统与一致性/陈东明著. —北京：电子工业出版社，2021.6
ISBN 978-7-121-41041-3

Ⅰ．①分…　Ⅱ．①陈…　Ⅲ．①分布式存贮器　Ⅳ．①TP333.2

中国版本图书馆 CIP 数据核字（2021）第 076689 号

责任编辑：张春雨
印　　刷：三河市君旺印务有限公司
装　　订：三河市君旺印务有限公司
出版发行：电子工业出版社
　　　　　北京市海淀区万寿路 173 信箱　　　　邮编：100036
开　　本：787×980　1/16　印张：15.75　　字数：325 千字
版　　次：2021 年 6 月第 1 版
印　　次：2021 年 6 月第 1 次印刷
定　　价：79.00 元

凡所购买电子工业出版社图书有缺损问题，请向购买书店调换。若书店售缺，请与本社发行部联系，联系及邮购电话：（010）88254888，88258888。
质量投诉请发邮件至 zlts@phei.com.cn，盗版侵权举报请发邮件至 dbqq@phei.com.cn。
本书咨询联系方式：（010）51260888-819，faq@phei.com.cn。

分布式架构的终极奥义

分布式架构是每个架构师必须面对的挑战。宇宙自大爆炸以来持续膨胀，我们一直身处日趋离散的"分布式"世界之中。四维时空的物理法则限制着信息传输和校验，从原始社会开始，历经农牧时代、工业时代、信息时代，直至分布式系统无所不在的今天，被 Eric Brewer 总结为 CAP 理论。架构师要挑战的不是代码的逻辑运算，而是不可逾越的物理结界。大道至简，知易行难，初窥分布式门径不难，要在大型系统里游刃有余，功力绝非一般！

东明在架构领域耕耘多年，曾主导多个大型分布式项目，是经验丰富的架构专家。我们曾一同共事，推进基础架构层面的分布式项目和产品，东明对技术的执着追求令我印象深刻。如今他在负责一个公司的架构团队，我有过相同经历，深知其责任之重、要求之高。百忙之中，东明坚持笔耕不辍，将多年心得总结出版，我非常钦佩他的心力，为之欣然。这正是技术人的本色，无论世间纷扰变幻，不变的是对"不变"孜孜以求的初心。

本书专注于分布式系统的一致性，从实例、算法、原理多方面深入浅出地讲解其中的奥妙。架构的终极奥义正是化繁为简，非精深者不能为之。对有志于钻研技术架构、扩展行业视野的同道中人，相信本书会带给你很多思考和成长。比如：分布式能解决一切问题吗？不能，会带来更多问题！如何在物理规则下构建可扩展的系统？如何在算法的理想设计和实际应用中权衡取舍？也许并没有唯一答案，但每有所得，皆是欢喜！

史海峰　微信公众号"IT 民工闲话"作者

前　言

我对一致性的研究起源于一段负责基础架构的工作经历，当时负责公司的 ZooKeeper 事宜，所以对 ZooKeeper 进行了比较深入的研究。我在阅读 ZooKeeper 的官方文档和与 ZooKeeper 相关的论文时，看到了顺序一致性和线性一致性。在此之前的工作中，我凭借多年的工作经验，每当遇到陌生的概念时，基本上都可以望文生义，很快就能体会到其中的含义。但顺序一致性和线性一致性却成了我的反例，很长时间都没有搞清楚其含义。在此之后，我在负责公司自研的一个 key-value 数据库时，参考了 Google 公司的 Spanner 系统，在深入研究 Spanner 系统时，发现该系统中也存在线性一致性的概念。所以我开始系统地研究顺序一致性和线性一致性，从而进入分布式系统一致性的领域。

在研究过程中我发现，行业内还没有一本能够理论联系实际、系统化讲解分布式系统一致性的著作。当前讲系统一致性的文献往往专注于理论的定义，而分布式系统的官方文档和相关著作对一致性又往往都是简单地一笔带过。因此，我萌生了一个想法：写一本既有实际例证又有理论定义的一致性方面的书，也就是《分布式系统与一致性》这本书。本书讲解 8 个分布式系统，主要关注这些系统与一致性相关的实现，并对其中一些分布式系统中用到的关键的分布式算法做了详细的讲解，力争做到把分布式系统的一致性相关内容讲透。最后介绍几个关于一致性的理论定义，并且结合前面的实例加以分析。

在实际的工作中，一致性往往没有受到重视，行业从业人员将更多的精力放在了可用性、性能等分布式系统的特性上。的确，从所带来的影响和出现的概率上讲，可用性和性能导致的问题更大一些，而一致性问题更隐蔽，出现的概率也比较小，并且往往能通过一些简单的手段解决掉，导致对一致性的要求不是那么强烈，甚至在某些应用场景下，一致性问题是用户可以接受的。

但是，一致性仍然是非常重要的分布式技术。众所周知，分布式系统有很多特性，如可用性、可靠性、性能等，这些特性多多少少会与一致性产生关系，受到一致性的影响。要全面研究、掌握分布式技术，一致性是绕不开的一个话题，也是最难解决的一个问题。

行业内部对一致性的讨论比较少，导致很多从业者对一致性的理解比较片面，这也是因为一致性其实是非常复杂、难懂的概念，甚至有些从业者对一致性以及一致性相关理论的理解有些偏差。本书力争对一致性给出一个全面的介绍。

　　本书仅仅讲解分布式系统的一致性的一部分内容，也是在实际的工作中可能遇到的内容，还有很大一部分本书没有涉及——本书仅讲解 7 种一致性模型，但笔者所知的一致性模型就有50 多种。分布式领域专家对一致性进行了非常深入的研究，本书不能完全覆盖。此外，虽然本书讲解了 Spanner、CockroachDB 这样的分布式系统，但是对分布式系统领域与数据库领域的交汇点，也就是分布式数据库的讲解仍然不够全面，全面的讲解需要额外阐述数据库领域的很多内容，而这些内容并未包含在本书中，读者需要另行查看其他相关资料。

　　本书主要面对有志进入分布式领域或者进入分布式领域不长时间的初学者。如果你是分布式领域的老手，已经读过或研究过各种分布式系统的经典著作和典型系统，那么本书讲解的内容可能都是你熟知的。但是本书仍然有一定的阅读要求，特别是对涉及数据库领域的相关内容，铺垫较少，有一定的阅读难度。从分布式技术的角度来说，本书讲解了分布式领域比较高阶的内容，但是从分布式一致性的角度来说，本书仍然是一致性的入门书籍。

　　本书中对重要的概念或者定义采用**黑体**书写，并且在可能的情况下，同时在概念后面的圆括号中给出其英文名称，方便读者在扩展阅读英文文献时可以准确地建立对应关系。在之后的内容中，如果这个概念在中文资料中已经被广泛接受并且使用，则会使用其中文名称；否则，为了不产生歧义，会使用其英文名称。

　　本书主要讲解的是计算机技术理论，这需要较长时间的沉淀和准备，而成书比较仓促，加之一致性是分布式系统的核心特性，涉及面又比较广，错误之处在所难免，希望各位读者给予指正。

作者

读者服务

微信扫码回复：41041

●　获取各种共享文档、线上直播、技术分享等免费资源

●　加入本书读者交流群，与本书作者互动

●　获取博文视点学院在线课程、电子书 20 元代金券

目　　录

第1部分　开　篇

第 2 部分　系统案例

第 3 部分　分布式算法

第 4 部分　一　致　性

第**1**部分　开　　篇

　　分布式和一致性都不是什么新鲜的技术。但是随着互联网的发展，分布式变成互联网应用中必不可少的一项技术；一致性作为分布式系统的核心特性，成为大规模应用落地过程中的一个难题，也就成为互联网从业者必须面对的一个难题。

第 1 章
分布式系统的核心特性：一致性

从互联网出现到现在这些年，互联网应用经历了非常快速的发展，它的访问量和数据量不断增长，这是互联网应用与其他领域的计算机应用一个非常大的区别。互联网从业者为了解决互联网应用所面临的这个问题，不断地改进着系统架构。

1.1 拆分是解决大规模应用问题的本质

互联网应用的架构是非常复杂多变的，具有不同用户访问量和数据量的互联网应用的系统架构有着非常大的差异。当系统访问量和数据量不大时，系统架构相对简单，往往一台应用服务器加上一台数据库服务器就可以解决问题。早期的互联网应用基本上就是这样的架构。在互联网发展初期，互联网用户还不是很多，不管是什么类型的应用，基本上一台机器就可以搞定。

但是互联网的发展是快速的，这样的架构很快就不能满足需求了，大量的访问用户给服务器带来了巨大的压力。当服务器不能承载时，在架构上就开始采用具有更强处理能力的 CPU、容量更大的内存、容量更大的存储设备。昂贵的小型机和存储设备成为互联网的首选，IOE（IBM 的服务器、Oracle 的数据库、EMC 的存储设备）架构也成为主要的解决方案。

为了获得更好的用户体验，对应用服务器可以进一步做一些系统架构优化，比如将从数据库取到的结果缓存在应用服务器的内存当中，下次处理同一个用户的同一类请求时，就可以直接将内存中的结果返回给用户，减少了访问数据库这一步骤。这缩短了用户请求响应时间，同时也降低了数据库的压力，便于承载更大的用户访问量。此外，甚至可以做进一步的优化，将某些数据直接保存在应用服务器的本地磁盘中，而不保存到数据库中。

　　互联网的发展是惊人的，随着访问量的进一步增长，单台应用服务器最终将出现瓶颈，不能再依靠替换更强的服务器继续支撑。因为不是一种可以持续发展的架构，并且 IOE 的昂贵收费也让这种架构变得不可接受，这种依赖提高单机处理能力的垂直扩展架构走到了尽头。互联网从业者开始尝试采用增加应用服务器的数量来处理增长的访问请求这种架构，也就是采用水平扩展的方式来解决问题。在水平扩展架构中，在应用服务器前可以增加一层负载均衡，比如使用 Nginx 或 LVS 这样的软件负载服务器，或者 F5 这样的硬件负载服务器，把用户的访问请求分散到多台应用服务器上，让多台应用服务器访问同一台数据库服务器。这种架构不再依赖单台服务器的处理能力，随着访问量的增长，只需要不断地增加应用服务器即可，具有无限的水平扩展能力。应用服务器也不再是昂贵的 IBM 小型机，普通的 PC 服务器就可以。

　　与此同时，不能再像单台应用服务器阶段那样对缓存进行优化，因为某个用户的数据被缓存在某台应用服务器的内存中，或者被保存在某台应用服务器的硬盘中，当这个用户的请求被负载均衡到其他服务器时，将找不到缓存在内存中和保存在硬盘中的数据。对于那些之前缓存的数据，可以通过再次从数据库中读取的方式来解决，但是保存在硬盘中的数据就没办法解决了。所以这个阶段的应用服务器往往被设计成**无状态**的服务器，也就是说，在应用服务器上不保存任何数据，数据都被保存在数据库中，每次处理用户请求时，都去数据库中获取最新的数据。为了提高性能，添加了一台专门的缓存服务器，如 Redis 或者 Memcache，所有的应用服务器都把本来缓存在自己内存中的数据保存在缓存服务器中。把应用服务器设计成无状态的好处是水平扩展非常方便，所有的应用服务器都是一样的，水平扩展只是在负载均衡层后面添加一台服务器，可以将用户请求发给任意一台应用服务器，而无须发给缓存了这个用户数据的那台服务器。

　　但无状态的应用服务器并不能解决全部的问题，随着用户访问量的继续增长，数据库的处理能力或者缓存服务器的处理能力逐步达到上限，数据库和缓存这一层同样需要一种可以水平扩展的架构。对于这个问题，相应的办法是对应用进行拆分，把原来一个大应用，按照领域拆分成多个应用。比如电子商务应用，一般都会拆分成订单子系统、交易子系统、用户子系统、商品子系统等，每个子系统都有自己独立的数据库服务器，这样就解决了单台数据库服务器的瓶颈问题。这种将一个应用拆分成多个子系统的方法也被称为**领域拆分**，每个领域相对比较独立。领域拆分仍然是互联网行业解决大规模应用问题所采用的主要技术手段，被应用得淋漓尽致。比如在大型电子商务应用中，甚至一个商品详情页面就是一个独立的子系统，由多层应用服务器、多层缓存机制、多个数据库组成，并且由一个庞大的部门独立维护着。

1.2 分布式技术是大规模应用的最后一个考验

随着用户量的进一步增长，单个子系统数据库也会慢慢达到单机处理能力的上限。此时，已经不能再通过领域拆分来解决问题了，因为仅仅是单一的订单表中的数据就已经超出了单个数据库的处理能力。唯一的解决方式就是把订单数据拆分存储在多台数据库服务器中。至此，互联网应用已经成为一个彻底的分布式应用。但是做好这个分布式应用并不容易。

如何把订单数据保存到多台服务器上？有三类方法可以实现。

第一类方法是仍然使用关系型数据库。在多个数据库中创建相同的订单表，然后按照一定的规则把订单分别存储在不同的服务器上。比如按用户存储，将用户 id 按照一定的规则划分成组，常见的方式是按 id 取余数，如按 10 取余数，可以把订单平均分到 10 台服务器上，当订单量继续增长时，可以把规则改为按 100 取余数，就可以把订单分到 100 台服务器上。这种架构的难点在于当取余规则更改时，需要把原来存储在 10 台服务器上的已有数据迁移到 100 台机器上。

再比如按时间存储，将一年的订单存储在一台机器上，随着时间的推移不断地增加服务器。这种方法不需要迁移数据，但是只适用于订单量没有太大变化的场景，所以应用场景比较受限。

这类方法相对比较好理解，其核心就是针对每台数据库服务器分别执行 SQL 语句，然后将 SQL 语句的执行结果进行合并。但是这种架构的使用是非常复杂的，需要处理各种异常情况，比如某台服务器的 SQL 语句执行失败等。为了简化这种架构的使用，开源领域出现了很多数据库中间件项目，用来让开发者不需要面对多台数据库服务器分别执行 SQL 语句，感觉自己仅仅是面对一台服务器在执行 SQL 语句。但是其核心原理没有改变，只是这些数据库中间件自动帮助开发者把 SQL 语句合并的事情做了。另外，无论是否采用这样的数据库中间件，每次执行 SQL 语句时需要所有服务器都执行这条 SQL 语句，成本和性能都是不可接受的，可见采用这种架构的应用都有很多限制。应尽量避免这样的操作，需要把应用设计成每次执行 SQL 语句时最好只发给一台服务器来处理。因此，最终不管用不用数据库中间件，都需要背后的数据库拆分逻辑。

最重要的一个难题是这种架构保证一致性非常有挑战性，让所有服务器上的数据都保持正确，是应用开发者要考虑的事情，也是数据库中间件开发者要考虑的事情。

第二类方法是放弃 SQL 的便利性，采用分布式文件系统（见第 2 章和第 3 章）保存海量的数据。分布式文件系统是近年来迅速发展起来的大数据技术的基石，Google 公司在这方面做了开创性的工作。GFS（见第 2 章）被称为 Google 公司大数据的"三架马车"之一，HDFS（见第 3 章）是开源大数据领域的核心组件，它们提供的可靠的数据存储能力和强一致性，为大数据技术提供了强有力的基础支撑。

另外，在在线服务方面，我们也可以采用 NoSQL 数据库（见第 4 章和第 5 章）来存储数据。NoSQL 是近年来出现的新型的数据库和存储系统，从名字上可以看出它除去了对 SQL 的支持。但是缺失 SQL 的支持并不是 NoSQL 数据库的弱项。用 NoSQL 数据库替换 SQL 数据库往往适用于因数据量大而需要拆分的场景，在这种场景下，SQL 的使用受到很多限制，比如互联网公司往往都有不能使用 join、SQL 中必须携带分片 id 等要求。在这些使用要求下，受限的 SQL 数据库的能力与 NoSQL 数据库的能力相比，已经没有明显的优势了。NoSQL 数据库通常具有很好的扩展能力、数据可靠存储能力和可用性，保存到 NoSQL 数据库中的数据会被系统自动拆分存储在多台服务器上，并且随着数据的增长自动重新拆分、迁移，这些功能大大降低了系统的使用难度。有些 NoSQL 数据库还放弃了一致性，也有些 NoSQL 数据库并没有放弃一致性，比如 Google 的 BigTable 系统（见第 4 章）就提供了很好的一致性。MongoDB（见第 5 章）在早期版本中没有很好的一致性保证，会出现各种异常，导致数据丢失，但是随着版本的逐步迭代，不断地加强一致性，慢慢消除了各种异常和丢失数据的问题。

第三类方法就是使用 NewSQL 数据库（见第 8 章和第 9 章）。NewSQL 数据库并没有去掉对 SQL 的支持，同时它还具有很好的水平扩展能力、可靠性和可用性。Spanner 系统（见第 8 章）还不能被称作 NewSQL 数据库，它的后代产品才是 NewSQL 数据库。CockroachDB（见第 9 章）是 NewSQL 数据库，用户使用时无须考虑库表的拆分以及数据迁移的问题，就像使用单机数据库一样。相对于拆分数据库表的方法而言，NewSQL 数据库给使用者带来的最大便利就是，使用者不用再关注数据的一致性，NewSQL 数据库有非常好的一致性保证，这也是本书主要讲述的内容。

除前面讲到的三类方法中所涉及的分布式系统之外，做好一个分布式应用可能还会需要其他种类的分布式系统，比如消息系统。消息系统用来解耦各个系统，RabbitMQ（见第 6 章）就是这样的一个系统。此外，还需要使用分布式协调服务来管理分布式系统中的各个进程，比如 ZooKeeper（见第 7 章）。

这些分布式系统的内部实现差别非常大，有些使用了非常复杂的分布式算法，第 3 部分会介绍其中的三种：Paxos 算法（见第 10 章）、Raft 算法（见第 11 章）、Zab 算法（见第 12 章）。

最终，解决大规模应用问题就变成了对这些分布式系统和分布式技术的使用问题，用好分布式技术成为实现大规模应用的最后一个难题。

1.3 一致性是这个考验的核心

前面提到的各种分布式系统有什么区别呢？一个重要的区别就体现在它们对 SQL 的支持上。NoSQL 数据库不支持 SQL，虽然有些 NoSQL 数据库支持类 SQL，但是类 SQL 不是 SQL。基于单机数据库分表的方式，虽然支持标准的 SQL，但是仍然禁用和限制了 SQL 的很多功能。而 NewSQL 数据库在不断改进这种情况，不断扩展对 SQL 的全面支持。

虽然对 SQL 的支持是一个重要的区别，但是并不是核心的区别，它们之间核心的区别体现在一致性上，这是本书内容的重点，也是设计一个分布式系统必须解决的核心问题。这些分布式系统具有的一致性不尽相同，第 13 章将介绍关系型数据库的事务，以及事务所具有的一致性和隔离级别；第 14 章和第 15 章将分别介绍分布式系统中非常重要的两种一致性模型。

为什么说一致性是分布式系统的核心问题呢？因为一致性是分布式系统的一个非常重要的特性。分布式系统的特性还包括扩展性（scalability）、可用性（availability）、性能（performance）、可靠性（reliability）、故障容忍性（fault-tolerance），在这些分布式系统的特性中，一致性特性处于核心地位，它对这些特性都有影响，一个分布式系统具有什么样的一致性，在某种程度上决定了它的其他特性。分布式系统领域的 CAP 定理告诉我们，没有免费的午餐，想得到一致性，其他特性如可用性、性能、故障容忍性、可靠性等都会受到影响，因此在系统架构设计中，必须在分布式系统的各种特性之间进行权衡，第 16 章将介绍相关内容。

前面讲解了应用层的分布式技术和数据层的分布式技术，数据层的分布式技术是互联网大规模应用技术中的最后一道难关。目前，应用层的分布式技术已经相对成熟，虚拟化技术（virtualization）、容器技术（Docker）、服务网格（service mesh）已经成熟并且大面积落地，这些技术大大帮助了应用层的分布式技术在实际应用场景中大范围落地。相对而言，数据层的分布式技术的成熟度和落地程度还远不如应用层，目前大部分公司的大部分应用仍然以数据库分表的方式为主。虽然 NoSQL 数据库已经过多年的发展，但它仍然处于辅助地位，而 NewSQL 数据库尚处于初始的尝试阶段。无论哪一种数据层的分布式技术，最难的一道关卡都莫过于分布式系统的一致性。一致性复杂、难懂，并且牵扯着分布式技术领域的方方面面。

第2部分　系统案例

这部分会介绍五大类分布式系统，分别是分布式文件系统、NoSQL 存储、分布式消息系统、分布式协调服务、NewSQL 数据库，并且会具体介绍它们的内部实现。这些分布式系统都具有非常丰富的功能和复杂的实现，每一类系统其实都可以单独成书论述，仅仅一本书很难将它们介绍得很详细，所以本书主要集中在与一致性有关的实现细节上。

第 2 章
Google 的文件系统

GFS（Google File System）是 Google 公司开发的一种分布式文件系统。虽然 GFS 在 Google 公司内部被广泛使用，但是在相当长的一段时间里它并不为人所知。2003 年，Google 发表一篇论文[1]详细描述了 GFS，人们才开始了解 GFS。开源软件也开始模仿 GFS，第 3 章讲解的 HDFS 就是 GFS 的模仿者。

2.1　GFS 的外部接口和架构

让我们从 GFS 的接口设计和架构设计说起吧。

2.1.1　GFS 的外部接口

GFS 采用了人们非常熟悉的接口，但是并没有实现 POSIX 的标准文件接口。GFS 通常的操作包括 create, delete, open, close, read, write, record append 等，这些接口非常类似于 POSIX 定义的标准文件接口，但是不完全一致。

create, delete, open, close 这几个接口的语义和 POSIX 标准接口类似，这里就不逐一强调说明了。下面详细介绍 write 和 record append 这两个接口的语义。

- write（随机写）：可以将任意长度的数据写入指定文件的位置，这个文件位置也被称为偏移（offset）。

- record append（尾部追加写）：可以原子地将长度小于 16MB 的数据写入指定文件的末尾。GFS 之所以设计这个接口，是因为 record append 不是简单地将 offset 取值设置为文件末尾的 write 操作，而是不同于 write 的一个操作，并且是具有原子性的操作（后面的 2.3 节会解释原子性）。

write 和 record append 都允许多个客户端并发操作一个文件，也就是允许一个文件被多个客户端同时打开和写入。

2.1.2　GFS 的架构

GFS 的架构如图 2.1 所示。

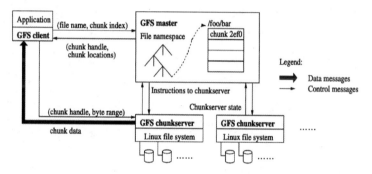

图 2.1　GFS 的架构（此图参考 GFS 的论文[1]）

GFS 的主要架构组件有 GFS client、GFS master 和 GFS chunkserver。一个 GFS 集群包括一个 master 和多个 chunkserver，集群可以被多个 GFS 客户端访问。三个组件的详细说明如下：

- GFS 客户端（GFS client）是运行在应用（application）进程里的代码，通常以 SDK 形式存在。
- GFS 中的文件被分割成固定大小的块（chunk），每个 chunk 的长度固定为 64MB。GFS chunkserver 把这些 chunk 存储在本地的 Linux 文件系统中，也就是本地磁盘中。通常每个 chunk 会被保存三个副本（replica），也就是会被保存到三个 chunkserver 里。一个 chunkserver 会保存多个不同的 chunk，每个 chunk 都会有一个标识，叫作块柄（chunk handle）。
- GFS master 维护文件系统的元数据（metadata），包括：
  - 名字空间（namespace，也就是常规文件系统中的文件树）。

- 访问控制信息。
- 每个文件由哪些 chunk 构成。
- 每个 chunk 的副本都存储在哪些 chunkserver 上，也就是**块位置**（chunk location）。

在这样的架构下，几个组件之间有如下交互过程。

1. 客户端与 master 的交互

客户端可以根据 chunk 大小（即固定的 64MB）和要操作的 offset，计算出操作发生在第几个 chunk 上，也就是 chunk 的**块索引号**（chunk index）。在文件操作的过程中，客户端向 master 发送要操作的文件名和 chunk index，并从 master 中获取要操作的 chunk 的 chunk handle 和 chunk location。

客户端获取到 chunk handle 和 chunk location 后，会向 chunk location 中记录的 chunkserver 发送请求，请求操作这个 chunkserver 上标识为 chunk handle 的 chunk。

如果一次读取的数据量超过了一个 chunk 的边界，那么客户端可以从 master 获取到多个 chunk handle 和 chunk location，并且把这次**文件读取操作**分解成多个 **chunk 读取操作**。

同样，如果一次写入的数据量超过了一个 chunk 的边界，那么这次**文件写入操作**也会被分解为多个 chunk 写入操作。当写满一个 chunk 后，客户端需要向 master 发送创建新 chunk 的指令。

2. 客户端向 chunkserver 写数据

客户端向要写入的 chunk 所在的三个 chunkserver 发送数据，每个 chunkserver 收到数据后，都会将数据写入本地的文件系统中。客户端收到三个 chunkserver 写入成功的回复后，会发送请求给 master，告知 master 这个 chunk 写入成功，同时告知 application 写入成功。

这个写流程是高度简化和抽象的，实际的写流程更复杂，要考虑写入类型（是随机写还是尾部追加写），还要考虑并发写入（后面的 2.2 节会详细描述写流程，解释 GFS 是如何处理不同的写入类型和并发写入的）。

3. 客户端从 chunkserver 读数据

客户端向要读取的 chunk 所在的其中一个 chunkserver 发送请求，请求中包含 chunk handle 和要读取的**字节范围**（byte range）。chunkserver 根据 chunk handle 和 byte range，从本地的文件系统中读取数据返回给客户端。与前面讲的写流程相比，这个读流程未做太多的简化和抽象，但对实际的读流程还会做一些优化（相关优化和本书主题关系不大，就不展开介绍了）。

2.2　GFS 的写流程细节

本节我们详细讲解在前面的写数据过程中未提及的几个细节。

2.2.1　名字空间管理和锁保护

在写流程中，当要创建新文件和将数据写入新 chunk 时，客户端都需要联系 master 来操作 master 上的名字空间。

- 创建新文件：在名字空间创建一个新对象，该对象代表这个文件。
- 将数据写入新 chunk 中：向 master 的元数据中创建新 chunk 相关信息。

如果有多个客户端同时进行写入操作，那么这些客户端也会同时向 master 发送创建文件或创建新 chunk 的指令。master 在同一时间收到多个请求，它会通过加锁的方式，防止多个客户端同时修改同一个文件的元数据。

2.2.2　租约

客户端需要向三个副本写入数据。在并发的情况下，也会有多个客户端同时向三个副本写入数据。GFS 需要一条规则来管理这些数据的写入。简单来讲，这条规则就是每个 chunk 都只有一个副本来管理多个客户端的并发写入。也就是说，对于一个 chunk，master 会将一个**块租约**（ chunk lease ）授予其中一个副本，由具有租约的副本来管理所有要写入这个 chunk 的数据。这个具有租约的副本称为**首要副本**（ primary replica ）。首要副本之外的其他副本称为**次要副本**（ secondary replica ）。

2.2.3　变更及变更次序

对文件的写入称为**变更**（ mutation ）。首要副本管理所有客户端的并发请求，让所有的请求按照一定的顺序用到 chunk 上，这个顺序称为**变更次序**（ mutation order ）。变更包括两种，即前面讲过的 write 操作和 record append 操作。接下来介绍 GFS 基本变更流程，write 操作就是按照这个基本变更流程进行的，而 record append 操作则在这个基本变更流程中多出一些特殊的处理。

1．基本变更流程

图 2.2 描述了 GFS 基本变更流程。

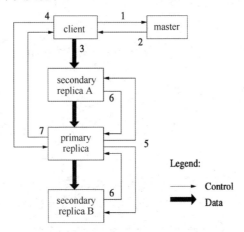

图 2.2　GFS 基本变更流程（此图参考 GFS 的论文[1]）

整个写入过程包括以下 7 个步骤。

（1）当客户端要进行一次写入时，它会询问 master 哪个 chunkserver 持有这个 chunk 的租约，以及其他副本的位置。如果没有副本持有这个 chunk 的租约，那么 master 会挑选一个副本，通知这个副本它持有租约。

（2）master 回复客户端，告诉客户端首要副本的位置和所有次要副本的位置。客户端联系首要副本，如果首要副本无响应，或者回复客户端它不是首要副本，则客户端会重新联系 master。

（3）客户端向所有的副本以任意的顺序推送数据。每个 chunkserver 都会将这些数据缓存在缓冲区中。

（4）当所有的副本都回复已经收到数据后，客户端会发送一个写入请求（write request）给首要副本，在这个请求中标识了之前写入的数据。首要副本收到写入请求后，会给这次写入分配一个连续串行的编号，然后它会按照这个编号的顺序，将数据写入本地磁盘中。

（5）首要副本将这个带有编号的写入请求转发给次要副本，次要副本也会按照编号的顺序，将数据写入本地，并且回复首要副本数据写入成功。

（6）当首要副本收到所有次要副本的回复后，说明这次写入操作成功。

（7）首要副本回复客户端写入成功。在任意一个副本上遇到的任意错误，都会告知客户端写入失败。

2. 原子记录追加

record append 这个接口在论文[1]中被称为**原子记录追加**（atomic record append），它也遵循基本变更流程，但有一些附加的逻辑。客户端把要写入的数据（这里称为**记录，record**）推送给所有的副本，如果 record 推送成功，则客户端会发送请求给首要副本。首要副本收到写入请求后，会检查把这个 record 追加到尾部会不会超出 chunk 的边界，如果超出边界，那么它会把 chunk 剩余的空间填充满（这里填充什么并不重要，后面的 2.4 节会解释这个填充操作），并且让次要副本做相同的事情，然后再告知客户端这次写入应该在下一个 chunk 上重试。如果这个 record 适合 chunk 剩余的空间，那么首要副本会把它追加到尾部，并且告知次要副本写入 record 在同样的位置，最后通知客户端操作成功。

2.3　GFS 的原子性

接下来我们分析 GFS 的一致性，首先从原子性开始分析。

2.3.1　write 和 record append 的区别

前面讲过，如果一次写入的数据量超过了 chunk 的边界，那么这次写入会被分解成多个操作，write 和 record append 在处理数据跨越边界时的行为是不同的。

下面我们举例来进行说明。

例子 1：目前文件有两个 chunk，分别是 chunk1 和 chunk2。客户端 1 在 54MB 的位置写入 20MB 数据。同时，客户端 2 也在 54MB 的位置写入 20MB 的数据。两个客户端都写入成功。

前面讲过，chunk 的大小是固定的 64MB。客户端 1 的写入跨越了 chunk 的边界，因此要被分解成两个操作，其中第一个操作写入 chunk1 最后 10MB 数据；第二个操作写入 chunk2 开头 10MB 数据。

客户端 2 的写入也跨越了 chunk 的边界，因此也要被分解为两个操作，其中第一个操作（作为第三个操作）写入 chunk1 最后 10MB 数据；第二个操作（作为第四个操作）写入 chunk2 开头 10MB 数据。

两个客户端并发写入数据，因此第一个操作和第三个操作在 chunk1 上是并发执行的，第二个操作和第四个操作在 chunk2 上也是并发执行的。如果 chunk1 先执行第一个操作，后执行第三个操作；chunk2 先执行第四个操作，后执行第二个操作，那么最后在 chunk1 上会保留客户端 1 写入的数据，在 chunk2 上会保留客户端 2 写入的数据。虽然客户端 1 和客户端 2 的写入都成功了，但最后的结果既不是客户端 1 想要的结果，也不是客户端 2 想要的结果，而是客户端 1 和客户端 2 写入的混合结果。对于客户端 1 和客户端 2 来说，它们的操作都不是原子的。

例子 2：目前文件有两个 chunk，分别是 chunk1 和 chunk2。一个客户端在 54MB 的位置写入 20MB 数据，但这次写入失败了。

这次写入跨越了 chunk 的边界，因此要被分解成两个操作，其中第一个操作写入 chunk1 最后 10MB 数据；第二个操作写入 chunk2 开头 10MB 数据。chunk1 执行第一个操作成功了，chunk2 执行第二个操作失败了。也就是说，写入的这部分数据，一部分是成功的，一部分是失败的。这也不是原子操作。

例子 3：目前文件有一个 chunk，为 chunk1。一个客户端在 54MB 的位置追加一个 12MB 的记录，最终写入成功。

由于这个 record append 操作最多能在 chunk1 中写入 10MB 数据，而要写入的数据量（12MB）超过 chunk 的剩余空间，剩余空间会被填充，GFS 会新建一个 chunk，为 chunk2，这次写入操作会在 chunk2 上重试。这样就保证了 record append 操作只会在一个 chunk 上生效，从而避免了文件操作跨越边界被分解成多个 chunk 操作，也就避免了写入的数据一部分成功、一部分失败和并发写入的数据混在一起这两种非原子性的行为。

2.3.2　GFS 中原子性的含义

GFS 中的一次写入，可能会被分解成分布在多个 chunk 上的多个操作，并且由于 master 的锁机制和 chunk lease 机制，如果写入操作发生在一个 chunk 上，则可以保护它是原子的。但是如果一些文件写入被分解成多个 chunk 写入操作，那么 GFS 并不能保证多个 chunk 写入要么同时成功、要么同时失败，会出现一部分 chunk 写入成功、一部分 chunk 写入失败的情况，所以不具有原子性。之所以称 record append 操作是原子的，是因为 GFS 保证 record append 操作不会被分解成多个 chunk 写入操作。如果 write 操作不跨越边界，那么 write 操作也满足 GFS 的原子性。

2.3.3　GFS 中多副本之间不具有原子性

GFS 中一个 chunk 的副本之间是不具有原子性的，不具有原子性的副本复制行为表现为：一个写入操作，如果成功，那么它在所有的副本上都成功；如果失败，则有可能是一部分副本成功，而另一部分副本失败。

在这样的行为下，失败会产生以下结果：

- write 在写入失败后，虽然客户端可以重试，直到写入成功，达到一致的状态，但是如果在重试成功以前，客户端出现宕机，那么就变成永久的不一致了。
- record append 在写入失败后，也会重试，但是与 write 的重试不同，它不是在原有的 offset 处重试，而是在失败的记录后面重试，这样 record append 留下的不一致是永久的，并且还会出现重复问题。如果一条记录在一部分副本上写入是成功的，在另外一部分副本上写入是失败的，那么这次 record append 就会将失败的结果告知客户端，并且让客户端重试。如果重试后成功，那么在某些副本上，这条记录就会被写入两次。

从以上结果可以得出结论：record append 保证至少有一次原子操作（at least once atomic）。

2.4　GFS 的松弛一致性

GFS 把自己的一致性称为松弛的一致性模型（relaxed consistency model）。GFS 的一致性分为元数据的一致性和文件数据的一致性，松弛一致性主要是指文件数据。

2.4.1　元数据的一致性

元数据的操作都是由单一的 master 处理的，并且操作通过锁来保护，所以保证了原子性，也保证了正确性。

2.4.2　文件数据的一致性

在介绍松弛的一致性模型之前，我们先看松弛一致性模型中的两个概念。对于一个文件中的区域：

- 无论从哪个副本读取，所有客户端总是能看到相同的数据，这称为**一致的**（consistent）。
- 在一次数据变更后，这个文件的区域是一致的，并且客户端可以看到这次数据变更写入的所有数据，这称为**界定的**（defined）。

在 GFS 论文[1]中，总结了 GFS 的松弛一致性，如表 2.1 所示。

表 2.1　GFS 的松弛一致性

	write 操作	record append 操作
成功的串行写入	界定的	界定的数据区域之间夹杂着不一致的数据区域
成功的并行写入	一致的，但不是界定的	
写入失败	不一致性	

下面分别说明表中的几种情况。

- 在没有并发的情况下，写入不会相互干扰，成功的写入是界定的，那么也就是一致的。
- 在并发的情况下，成功的写入是一致的，但不是界定的。比如，在前面所举的"例子 1"中，chunk1 的各个副本是一致的，chunk2 的各个副本也是一致的，但是 chunk1 和 chunk2 中包含的数据既不是客户端 1 写入的全部数据，也不是客户端 2 写入的全部数据。
- 如果写入失败，那么不管是 write 操作失败还是 record append 操作失败，副本之间会出现不一致性。比如，在前面所举的"例子 2"中，当一些写入失败后，chunk 的副本之间就可能出现不一致性。
- record append 能够保证区域是界定的，但是在界定的区域之间夹杂着一些不一致的区域。record append 会填充数据，不管各个副本是否填充相同的数据，这部分区域都会被认为是不一致的。比如前面所举的"例子 3"。

2.4.3　适应 GFS 的松弛一致性

GFS 的松弛一致性模型，实际上是一种不一致的模型，或者更准确地说，在一致的数据中间夹杂着不一致的数据。

这些夹杂在其中的不一致的数据，对应用来说是不可接受的。在这种一致性下，应该如何使用 GFS 呢？在 GFS 的论文[1]中，给出了几条使用 GFS 的建议：依赖追加（append）而不是依赖覆盖（overwrite）、设立检查点（checkpoint）、写入自校验（write self-validating）、自记录标识（self-identifying record）。下面我们用两个场景来说明这些方法。

场景 1：在只有单个客户端写入的情况下，按从头到尾的方式生成文件。

方法 1：先临时写入一个文件，在全部数据写入成功后，将文件改名为一个永久的名字，文件的读取方只能通过这个永久的文件名访问该文件。

方法 2：写入方按一定的周期写入数据，在写入成功后，记录一个写入进度检查点，其信息包含应用级的校验数（checksum）。读取方只校验和处理检查点之前的数据。即便写入方出现宕机的情况，重启后的写入方或者新的写入方也会从检查点开始，继续写入数据，这样就修复了不一致的数据。

场景 2：多个客户端并发向一个文件尾部追加数据，就像一个生产消费队列，多个生产者向一个文件尾部追加消息，消费者从文件中读取消息。

方法：使用 record append 接口，保证数据至少被成功写入一次。但是应用需要应对不一致的数据和重复数据。

- 为了校验不一致的数据，为每条记录添加校验数，读取方通过校验数识别出不一致的数据，并且丢弃不一致的数据。
- 对于重复数据，可以采用数据幂等处理。具体来说，可以采用两种方式处理。第一种，对于同一份数据处理多次，这并无负面影响；第二种，如果执行多次处理带来不同的结果，那么应用就需要过滤掉不一致的数据。写入方写入记录时额外写入一个唯一的标识（identifier），读取方读取数据后，通过标识辨别之前是否已经处理过该数据。

2.4.4　GFS 的设计哲学

前面讲解了基于 GFS 的应用，需要通过一些特殊手段来应对 GFS 的松弛一致性模型带来的各种问题。对于使用者来说，GFS 的一致性保证是非常不友好的，很多人第一次看到这样的一致性保证都是比较吃惊的。

GFS 在架构上选择这样的设计，有它自己的设计哲学。GFS 追求的是简单、够用的原则。GFS 主要解决的问题是如何使用廉价的服务器存储海量的数据，且达到非常高的吞吐量（GFS 非常好地做到了这两点，但这不是本书的主题，这里就不展开介绍了），并且文件系统本身要简单，能够快速地实现出来（GFS 的开发者在开发完 GFS 之后，很快就去开发 BigTable 了[2]）。GFS 很好地完成了这样的目标，但是留下了一致性问题，给使用者带来了负担。这个问题在 GFS 推广应用的初期阶段不明显，因为 GFS 的主要使用者（BigTable 系统是 GFS 系统的主要调用方）就是 GFS 的开发者，他们深知应该如何使用 GFS。这种不一致性在 BigTable 中被屏蔽掉（采用上面所说的方法），BigTable 提供了很好的一致性保证。

但是随着 GFS 推广应用的不断深入，GFS 简单、够用的架构开始带来很多问题，一致性问题仅仅是其中之一。Sean Quinlan 作为 Leader 主导 GFS 的研发很长时间，在一次采访中，他详细说明了在 GFS 渡过推广应用的初期阶段之后，这种简单的架构带来的各种问题[2]。

在清晰地看到 GFS 的一致性模型给使用者带来的不便后，开源的 HDFS（Hadoop 分布式文件系统）坚定地摒弃了 GFS 的一致性模型，提供了更好的一致性保证（第 3 章将介绍 HDFS 的实现方式）。

参考文献

[1] Ghemawat S, Gobioff H, Leung S T. The Google File System. ACM SIGOPS Operating Systems Review, 2003.

[2] Marshall, Kirk, McKusick, et al. GFS: Evolution on Fast-forward. Communications of the ACM, 2009.

第 3 章
开源的文件系统 HDFS

HDFS（Hadoop Distributed File System）是一个开源的分布式文件系统，这个开源项目的建立也受到了 GFS 的启发。

3.1 HDFS 的外部接口和架构

HDFS 的架构设计与 GFS 有相似之处。让我们从 HDFS 对外提供的接口说起。

3.1.1 HDFS 的外部接口

HDFS 对外提供如下几个接口。

- create：如果文件不存在，则创建一个文件。
- append：以追加的方式打开文件。
- write：在文件尾部写入数据。
- hflush：将数据强制写入磁盘。
- close：关闭文件。

与 GFS 相比，HDFS 不支持在任意位置随机写入。对于同一个文件，HDFS 不支持多个写入方同时写入（后面的 3.2.1 节和 3.3.3 节将介绍 HDFS 如何保证唯一使用方写入）。

在 HDFS 0.21 版本之前，HDFS 不支持 append 和 hflush，并且 HDFS 的其他接口的语义与 GFS 的非常不同。在 HDFS 0.21 版本之前，使用 create 创建一个文件后，向文件中写入的数据，在文件关闭之前是不可见的，只有它的创建者可以看到，并且在文件关闭之后，就不能再向该文件中添加数据了。从效果上讲，这个设计类似于 GFS 的使用"场景 1"中的"方法 1"（见 2.4.3 节）。

在 HDFS 0.21 版本之后，虽然 write 接口还是只支持在文件尾部追加数据，但是这些数据在文件关闭之前是可见的，并且支持在文件关闭后重新打开，可以继续在文件尾部添加数据，也就是支持使用 append 来打开文件。如前所述，无论是使用 create 还是 append 打开文件，都不支持多个写入方同时写入。

3.1.2　HDFS 的架构

HDFS 的架构如图 3.1 所示。

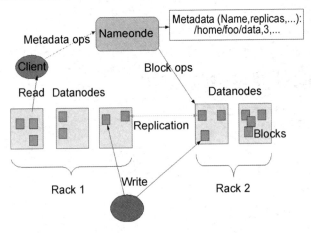

图 3.1　HDFS 的架构（此图参考 HDFS 社区文档[1]）

HDFS 主要有如下几个架构组件。

- client（客户端）是运行在应用（application）上的代码，以 SDK 的形式存在。
- Namenode（NN），用于存储分布式文件系统的元数据（metadata）。
- HDFS 中的文件被分成块（block）存储在 Datanode（DN）中，用于存储文件数据。

在这样的架构下，读/写流程如下。

1．写流程

（1）客户端向 NN 发送创建请求，请求中包含文件路径和文件名。NN 根据文件路径和文件名，在名字空间创建一个对象代表这个文件。

（2）客户端向三个 DN 发送要写入文件中的数据，每个 DN 收到数据后，都将数据写入本地的文件系统中，写入成功后，告知客户端写入成功。

（3）DN 在成功写完一个 block 后，发送请求给 NN，告知 NN 一个 block 写入成功，NN 收到 DN 写入成功的信息后，记录这个 block 与机器之间的对应关系。

（4）客户端确认三个 DN 都写入成功后，本次写入成功。

（5）关闭文件。

2．读流程

（1）应用发起读操作，指定文件路径和**偏移（offset）**。

（2）客户端根据固定的 block 大小（即 64MB），计算出数据在第几个 block 上。

（3）客户端向 NN 发送一个请求，请求中包含文件名和索引号，NN 返回三个副本在哪三台机器上的信息。

（4）客户端向其中一个副本所在的机器发送请求，请求中包含要读取哪个 block 和字节范围（byte range）。

（5）DN 从本地的文件系统中读取数据返回给客户端。

从上面的介绍可以看出，HDFS 的读/写流程和 GFS 的读/写流程非常类似，这是因为它们采用了非常类似的架构。但是它们在写流程的细节上是不一样的，下面进行介绍。

3.2　HDFS 的写流程细节

详细的写流程分为 4 个步骤：打开文件、管道（pipeline）写入、上报 block 状态和关闭文件。下面分别介绍这 4 个步骤，并讲解 DN 的定期上报。

3.2.1　打开文件

在打开文件这个步骤中，客户端向 NN 发送打开文件的请求，请求中包含文件路径和文件名。NN 为该客户端在这个文件上发放一个**租约**（lease）。

与 GFS 不同，HDFS 的租约是发放给打开某个文件的客户端的，而 GFS 的租约是发放给首要副本的。其他客户端在其后要求打开同一个文件时，会被 NN 拒绝，从而保证只有一个客户端可以写入数据。在不出现故障的情况下，租约机制能够保证只有一个客户端写入数据，此外别无他法。

3.2.2　pipeline 写入

文件打开后，开始 pipeline 写入的步骤，采用 pipeline 的方式将数据写入三个副本中。每个 block 都会建立一个 pipeline。

每个 pipeline 都需要经历三个阶段：建立（setup）pipeline 阶段、输送数据（data streaming）阶段和关闭（close）pipeline 阶段。

1. 建立 pipeline 阶段

建立 pipeline 分为两种情况。

- 如果建立 pipeline 的目的是在 HDFS 中新建一个文件，则 NN 新建一个 block，并且为这个 block 选择三个 DN 来存储它的三个副本（称为 create block）。NN 会为这个 block 生成一个新**代戳**（generation stamp）。我们可以认为代戳是一个递增的数值。

- 如果建立 pipeline 的目的是为了追加写入数据而打开一个文件，则 NN 会把这个文件的最后一个 block 的副本所在的 DN 返回给客户端（称为 append block）。NN 会加大这个 block 的代戳（可以理解为把代戳的数值加 1），即赋予一个更大的代戳，即表明这个 block 已经进入下一代。

不管是新建文件写入数据还是打开文件追加写入数据，当一个 block 写满数据后，客户端都会要求 NN 再创建一个新 block。

客户端发送建立 pipeline 的请求给三个 DN，当它收到三个 DN 的成功回复后，pipeline 即建立成功。

2．输送数据阶段

成功建立后的 pipeline 如图 3.2 所示。

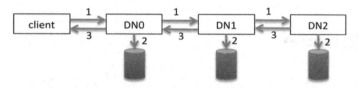

图 3.2　HDFS 的 pipeline（此图参考 HDFS 设计文档[2]）

在输送数据阶段，客户端会将要写入的数据先发送给 DN0，由 DN0 将数据发送给 DN1，DN1 收到数据后，再将数据发送给 DN2。

在 pipeline 建立后，客户端将要发送的数据分成多个包（packet），按顺序发送每个包，包发出后，不必等待包的回复即可发送下一个包，如图 3.3 所示。

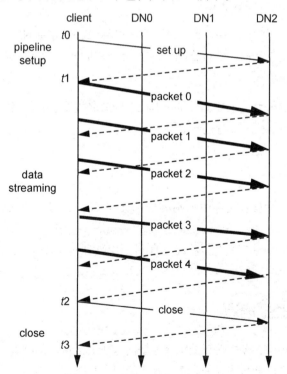

图 3.3　HDFS 的 pipeline 传输数据（此图参考 HDFS 设计文档[2]）

3．关闭 pipeline 阶段

在发送完所有的数据，并且收到所有包的回复之后，客户端发送一个关闭请求，关闭这个 pipeline。

3.2.3 上报 block 状态

当客户端要求 NN 创建一个 block，或者打开一个已存在的 block 追加数据时，这个 block 在 NN 上的状态被标记为 UnderConstruction，表示该 block 处于建立状态或者追加状态。

客户端在 DN 上创建这个 block 的副本，并且为该 block 创建 pipeline，这时这个副本的状态被标记为 rbw（replica being written to），表示该副本处于建立状态（即调用 create 后）或者追加状态（即调用 append 后）。

当客户端向这个 block 中写完数据，将该 block 的 pipeline 关闭后，副本的状态会变为 finalized，表示该副本已经完成数据写入。

DN 和客户端都会向 NN 上报这个 block 的 finalized 状态。如果 NN 收到客户端的上报信息，则会将这个 block 的状态标记为 Committed。当 NN 收到 DN 的上报信息后，它会把这个 block 的状态标记为 Complete。

这里需要注意 HDFS 对 block 状态和副本状态的命名规则，block 状态的命名规则是首字母大写，而副本状态的命名规则是字母全部小写。

3.2.4 关闭文件

如果没有数据被继续写入文件中，则客户端会向 NN 发起关闭文件的请求，NN 会检查所有 block 的状态。如果所有 block 的状态都为 Complete，则关闭文件；如果存在状态不是 Complete 的 block，则等待 DN 上报状态，直到至少收到一个 DN 上报状态，block 状态被标记为 Complete。

3.2.5 DN 定期上报信息

在上面的写入过程中，客户端和 DN 会主动向 NN 上报自己的状态，除此文外，DN 还会定期上报信息，来注册自己并且发送自己的 block 的副本状态。

3.3　HDFS 的错误处理

如果在写入过程中出现任何错误，那么 HDFS 会处理各种错误（不同于 GFS，GFS 会给客户端返回失败信息，最终导致数据不一致），试图从错误中**恢复**（recovery），通过恢复过程保证数据的一致性。

错误可能来源于各个组件，如 DN、NN、客户端等。下面通过介绍在这些组件中会出现哪些错误以及如何处理，来讲解 HDFS 的错误处理。

3.3.1　DN 的错误

当 DN 发生错误时，DN 自己可能会发现这个错误并进行处理，客户端也可能会发现这个错误并进行处理。

1. DN 自己处理错误

如果 DN 自己检查到错误（如网络发送数据错误、网络接收数据错误、磁盘操作错误），则 DN 自己会停止建立 pipeline，或者退出所在的 pipeline，具体会执行以下动作：

- 给上游 DN 回复失败信息。
- 关闭本地文件（将所有缓存的数据写入文件中）。
- 关闭 TCP 连接。

无论是因为发生错误，还是因为机器维护的需要，DN 都有可能会重新启动。DN 重新启动后，状态为 rbw 的副本会被加载为 rwr（replica waiting to be recovered）状态，表示这个副本要开始进行恢复。检查文件的 CRC，把文件长度设置为满足 CRC 校验，不能通过 CRC 校验的内容将被丢弃。

2. 客户端处理 DN 的错误

客户端将数据写入 pipeline 中，如果收到 DN 返回的错误信息，则不管是哪个 DN 上的哪个步骤出错，客户端都需要处理这个错误。HDFS 将客户端处理这些错误的过程称为**管道恢复**（pipeline recovery）。

pipeline 在不同阶段的错误，客户端要进行不同的处理。比如在建立 pipeline 阶段：

- 如果 create block 出错，则客户端会放弃这个 block，要求 NN 再分配一个 block。
- 如果 append block 出错，则客户端会为剩下没有出错的 DN 重新建立新的 pipeline，并且向 NN 要求一个新的代戳，NN 会增加代戳。

在输送数据阶段，按照下面的步骤处理。

- 客户端停止数据写入。
- 使用剩余的 DN 重新建立 pipeline，并且向 NN 要求一个新的代戳，NN 会增加代戳。
- 客户端使用新代戳向新 pipeline 中写入数据。

3.3.2　NN 的错误

NN 发生错误或者主动进行维护，可能会使 NN 重新启动。NN 不会持久化存储 block 的状态，block 的状态仅会被保存在内存中，NN 在处理 DN 的定期上报信息（见 3.2.5 节）或客户端的上报信息（见 3.2.3 节）时，会更新内存中 block 的状态。重新启动后 NN 进入**安全模式**，在安全模式下，它会在内存中重建 block 的状态。

- 所有状态未关闭的文件的最后一个 block 都会被加载为 UnderConstruction 状态，其他的 block 会被加载为 Complete 状态（HDFS 保证文件是顺序写入的，并且只有当前的 block 写满之后才会开始一个新的 block，所以除了最后一个 block，其他的 block 都应该是 Complete 状态）。
- NN 会等待 DN 上报信息，直到至少每个 block 都收到一个副本的上报信息，并且符合以下条件，则退出安全模式。
  - 如果 block 的状态被标记为 Complete，那么至少收到一个状态为 finalized 的副本上报信息。
  - 如果 block 的状态为 UnderConstruction，那么至少收到一个副本上报信息，并且这个副本的状态为 rwr 或优于 rwr，也就是 rwr、committed、finalized 其中之一。

3.3.3　客户端的错误

从第 2 章的 GFS 分析中可以看出，在**串行**（serial，也就是操作一个接着一个，即在一个操作完成之后再进行下一个操作）写入时，GFS 可以保证一致性。显而易见，串行是保证获得一致性的一种简单方法；保证只有一个写入者（即只有一个 writer，这个 writer 同一时刻只能发起一个操作，采用单线程是比较简单的实现）是实现串行的一种简单方法；只启动一个 writer 是保证只有一个写入者的简单方法。

但是，只启用一个 writer 时，宕机会成为问题。如果 writer 可以快速恢复，则还好；但如果 writer 不能恢复，那么整个写入功能就无效了。解决 writer 宕机问题的方法是启用多个 writer，为了保证只有一个写入者写入，需要引入同步机制（ synchronization ）或者叫作锁机制（ locking ），拿到锁的 writer 可以写入，没拿到锁的 writer，要等待持有锁的 writer 发生宕机，再接替它。HDFS 采用的这种方式，具体来说就是租约机制（见 3.2.1 节）。

然而，前面讲解的租约机制并不能严格保证只有一个写入者写入，问题出在租约过期上。在 writer 正常的情况下，它会不断地续约，保证租约不过期，但是一旦 writer 出现假死、过载、续约包在网络上丢失等情况，续约就会失败，其他的 writer 就会从 NN 处拿到新的租约。这时前一个 writer 仍然还活着（比如在丢包的情况下），或者从假死和过载中恢复过来，就会出现两个 writer（这种情况也被称为**脑裂**）。HDFS 采用叫作**租约恢复**（ lease recovery ）的过程来解决这个脑裂问题，防止旧的写入者再写入数据。

客户端出错还会导致另外一个问题，即 block 的副本不能完成一个完整的文件写入过程（ 3.2 节中讲解了一个完整的文件写入过程：create/append block → 副本的状态变为 rwr，接收数据写入 → 写满数据后，副本的状态变为 finalized → 客户端上报信息后，block 在 NN 上的状态变为 Committed → DN 上报信息后，block 在 NN 上的状态变为 Complete → 客户端关闭文件）。HDFS 需要处理导致这种写入过程中断的错误，处理过程叫作**块恢复**（ block recovery ）。

在块恢复的过程中，需要将这个 block 保存在每个 DN 上的副本都进行恢复，每个副本的恢复过程叫作**副本恢复**（ replica recovery ）。

总之，租约恢复过程可能包含一个块恢复过程，而一个块恢复过程会包含多个副本恢复过程。

1. 租约恢复

如果 NN 发现一个文件的租约过期了，那么它会将这个租约的持有者设置为 dfs（dfs 代表 HDFS 系统，表明这个文件被系统持有，不同于无人持有）。即使这个客户端还活着（比如发生假死后恢复），它向 NN 发送的请求（比如获取新代戳、获取新 block、关闭文件）也会被拒绝，因为这时客户端已经不再具有有效的租约。

之后，NN 检查这个文件最后两个 block 的状态。

- 如果最后两个 block 的状态是 Complete，则 NN 会关闭这个文件。其他 block 的状态应该都是 Complete。

- 如果最后两个 block 的状态是 Committed 或者 Complete，则会等待一段时间（与租约超时的时长一致），此时的租约持有者是 dfs。当租约过期后，NN 还会检查最后两个 block 的状态，如果仍然不是 Complete 状态，则会续租。连续若干次续租后，最后两个 block 的状态仍然不是 Complete，则强制关闭这个文件。
- 如果最后一个 block 的状态是 UnderConstruction，则开始块恢复过程，在块恢复过程中会将这个 block 的状态改为 UnderRecovery，表明该 block 正在进行恢复操作。
- 如果最后一个 block 的状态是 UnderRecovery，说明之前已经开始了块恢复过程，则开始一个新的块恢复过程。在尝试若干次之后会放弃恢复。

2. 块恢复

NN 从 block 的副本所在的所有 DN 中选择一个作为**首要 DN**（Primary Datanode，PD）。如果没有 DN 可选，则块恢复过程终止。

NN 生成一个新代戳，然后将 block 的状态从 UnderConstruction 改为 UnderRecovery，为将新代戳作为 recoveryid。由此可见，新的块恢复过程会具有更新的代戳，具有新代戳的块恢复过程会抢占之前旧的块恢复过程。

PD 让每个 DN 都执行副本恢复过程，执行副本恢复过程的副本处于 rur（replica under recovery）状态。每个副本的 DN 执行完副本恢复后，都会返回给 PD 副本的状态，该状态中包含副本 id、副本的代戳、副本的磁盘文件长度、恢复前状态。

PD 收到每个 DN 的副本执行状态后，会根据不同异常做出相应处理：

- 所有 DN 在执行副本恢复过程中都返回了异常，则终止块恢复过程。
- 所有副本返回的文件长度都为 0，则要求 NN 删除这个 block。
- 所有副本的状态都为 finalized，但是副本的长度却不一样，则终止块恢复过程。

如果不存在异常，则根据所有副本的恢复前状态，选择其中一个副本的文件长度，作为 block 的长度。基本原则是有更优状态的副本，就选择更优状态（状态优先级为 finalized > rbw > rur）的副本；没有更优状态的，则选择长度最小的。

3. 副本恢复

在副本恢复过程中，DN 会做如下几件事情。

- DN 检查是否存在这个待恢复 block 的副本。如果不存在，或者副本的代戳旧于请求中

block 的代戳，或者副本的代戳新于 recoveryid，则返回 PD 异常。

- 停止数据写入。如果 DN 正在向这个副本中写入数据，则块恢复过程（或者说是副本恢复过程）会抢占客户端写入。从客户端的角度来看，出现 DN 错误时，需要执行 pipeline 恢复过程，在这个过程中要向 NN 获取新代戳。但是，此时这个文件的租约持有者已经是 dfs，客户端获取新代戳的操作会失败，从而使得客户端写入失败。通过这样的机制可阻止脑裂的出现。

- 停止旧的块恢复过程。如果副本处于 rur 状态，说明之前已经执行副本恢复过程，则停止这个旧的块恢复过程。

参考文献

[1] HDFS Architecture. http://hadoop.apache.org/docs/stable/hadoop-project-dist/hadoop-hdfs/HdfsDesign.html.

[2] Append/Hflush/Read Design. https://issues.apache.org/jira/secure/attachment/12445209/appendDesign3.pdf.

第 4 章
Google 的 BigTable 系统

BigTable 是 Google 公司开发设计的一款 key-value 型的 NoSQL 数据库。从第 2 章的介绍中我们知道，BigTable 构建于 GFS 之上，也是 Google 的一个内部系统。Google 公司在 2006 年发表了一篇论文[1]，介绍了 BigTable。

4.1 BigTable 的外部接口和架构

我们先来看 BigTable 对外提供的接口。

4.1.1 表

在逻辑上，BigTable 的数据按表（table）来组织。在使用 BigTable 前，需要创建或者打开一个表。图 4.1 大致描述了 BigTable 中的一个表。

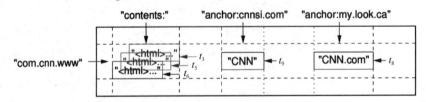

图 4.1　BigTable 中的表（此图参考 BigTable 论文[1]）

4.1.2　数据

接下来，我们会逐一介绍图 4.1 中出现的表的构成元素。

- 一个表中的数据按行（row）组织，每一行用 row key 标识。row key 是一个字符串。
- 在一行中，分成若干列（column），每个列都有自己的名字。
- 列被分成组，一组列叫作**列族**（column family）。

列族需要提前创建，即在调用写入接口前必须先创建列族。列不需要提前创建，也就是在调用写入接口时可以使用任意列名。

在同一个列族中，不同的行可以有不同的列，并且不会限制列的个数。列名也可以为空。我们来看下面的伪代码（与 BigTable 的实际接口语法有差异）例子。

```
Table *T = CreateTable(Table1);
CreateFamily(family1);
CreateFamily(family2);
CreateFamily(family3);
Put(row1,family1:column1,value1);
Put(row2,family2:,value2);
Put(row3,family3:column2,value3);
Put(row3,family3:column3,value4);
Put(row4,family3:column4,value5);
Put(row4,family3:column5,value6);
```

综合以上信息，BigTable 的数据模型如表 4.1 所示，BigTable 中的表逻辑上类似于这个样子。

表 4.1　BigTable 的数据模型

	family1	family2	family3			
	column1		column2	column3	column4	column5
row1	value1					
row2		value2				
row3			value3			
row4				value4	value5	value6

4.1.3　原子性

BigTable 的接口支持一行内的原子操作，也就是允许一次操作多个列，并且保持原子性。

在下面的代码（参考 BigTable 论文[1]，接近 BigTable 的真实语法）例子中，对同一行的两个列分别进行 Set 操作和 Delete 操作，这两个操作会保证原子性。

```
Table *T = OpenOrDie(Table1);
RowMutation r1(T, "com.cnn.www");
r1.Set("anchor:www.c-span.org", "CNN");
r1.Delete("anchor:www.abc.com");
Operation op;
Apply(&op, &r1);
```

4.1.4　时间戳

每个单元格都包含多个版本的数据，这些版本通过**时间戳**（timestamp）标识。时间戳是一个 64 位的整型数字。这个时间戳可以是 BigTable 生成的，也可以是应用指定并传给 BigTable 的。如果是应用自己生成的，那么应用需要保证生成唯一的、不重复的时间戳。

有了时间戳之后，BigTable 的数据模型如表 4.2 所示，BigTable 中的表逻辑上类似于这个样子。

表 4.2　BigTable 的数据模型（有了时间戳之后）

	family1	family2	family3			
	column1		column2	column3	column4	column5
row1	value1:t1					
row2		value2:t2 value3:t3				
row3			value4:t4 value5:t5 value6:t6			
row4				value7:t7	value8:t7	value9:t7

4.1.5　BigTable 的数据模型

上面我们看到了 BigTable 表的逻辑结构，在 BigTable 内部，数据模型是一个多维排序 Map。这个 Map 结构把 row key、column key（包括 family）和时间戳这三个维度映射到一个值，并且按这三个维度排序：

```
(row:string, column:string, time:int64) -> string
```

BigTable 的实际数据模型如表 4.3 所示。

表 4.3　BigTable 的实际数据模型

row1,family1:column1,t1	value1
row2,family2:,t2	value2
row2,family2:,t3	value3
row3,family3:column2,t4	value4
row3,family3:column2,t5	value5
row3,family3:column2,t6	value6
row4,family3:column3,t7	value7
row4,family3:column4,t7	value8

可以看到，这个实际的数据模型就是很多 key-value 对按照 key 排序得到的。所以，虽然 BigTable 支持表、列甚至列族等复杂的逻辑数据模型，但它仍然被认为是一种 key-value 型的数据库。

通常这个 Map 很大，BigTable 会按 row key 对它进行切分，每一份都叫作 tablet。

继续拿表 4.3 举例，这个表可以被拆分成两个 tablet，即 tablet1 和 tablet2，分别如表 4.4 和表 4.5 所示。

表 4.4　BigTable tablet1

row1,family1:column1,t1	value1
row2,family2:,t2	value2
row2,family2:,t3	value3

表 4.5　BigTable tablet2

row3, family3: column2,t4	value4
row3, family3: column2,t5	value5
row3, family3: column2,t6	value6
row4, family3: column3,t8	value8
row4, family3: column4,t8	Value7

4.1.6　BigTable 的架构

BigTable 在架构上包含 5 个组件：GFS、chubby、client、master 和 tablet server，分别说明如下。

- BigTable 会将数据以日志文件和数据文件的形式存储在 GFS 中（后面的 4.2.3 节会详细介绍）。
- BigTable 会为每个 tablet 指定一个 tablet server，tablet server 负责处理所有对这个 tablet 的读操作和写操作，并把这些读操作和写操作转化成对 GFS 的读/写操作。一个 tablet 只会由一个 tablet server 负责，一个 tablet server 会负责多个 tablet。
- 一个主（master）节点负责把一个 tablet 指派给一个 tablet server，在 BigTable 集群中只会有一个 master。
- 客户端（client）是嵌入在应用中的一个库（library），或者叫作 SDK。客户端不但包含对 tablet server 操作的代码，还包含了 GFS 的客户端和 chubby 的客户端。
- chubby 是 Google 公司内部的一个分布式锁服务，类似于第 7 章中讲解的 ZooKeeper。chubby 负责维护 BigTable 集群，它有两个职责：
  - 选举 master。
  - 维护 tablet server（即维护当前 BigTable 集群中有哪些 tablet server，并且这些 tablet server 是否还活着）。

另外，chubby 还保存了 BigTable 集群的基础信息，包括 root tablet 的 location 和 root tablet 在 GFS 中的存储位置（后面的 4.2.1 节会详细讲解）。

4.2　BigTable 的实现

本节介绍 BigTable 的具体实现。

4.2.1　tablet location

前面讲解了 BigTable 会把数据组织成表，表会被切分成 tablet，并且 master 会把 tablet 分配给一个 tablet server，这涉及 BigTable 的很多**元数据**，比如：

- BigTable 中有哪些表。
- 每个表被切分成哪些 tablet（每个 tablet 包含哪些范围的 key，即起始行和**结束行**（end row）是什么）。
- tablet 都被分配给了哪个 tablet server。

这些元数据也被保存成一个 BigTable 的表（叫作 **metadata** 表）。也就是说，元数据和普通数据采用了相同的存储逻辑，都被存储在 tablet 中。不过，BigTable 对这个 metadata 表和存储元数据的 tablet 会进行特殊对待。

metadata 表中存储着 **tablet location** 信息，metadata 表中的每一行都是一个 tablet location，一个 tablet location 中记录着这个 tablet 的信息，每个 tablet（包括元数据的 tablet，也包括普通数据的 tablet）都在 metadata 表中有一行记录。

tablet location 中包含的信息有：

- 这个 tablet 属于哪个表。
- 这个 tablet 拥有该表中的哪一段数据（用 end row 表示）。
- 目前这个 tablet 由哪个 tablet server 负责。
- 这个 tablet 被保存在 GFS 的哪些文件中。

BigTable 对一个 tablet 所属的表的**标识**（table identifier）和该 tablet 的 end row 进行编码，生成这个 tablet location 的 row key，来存储上面的前两条信息，而上面的后两条信息被存储在 value 中。

前面讲过，在 chubby 中存储了 BigTable 集群的基础信息，它就是一行 tablet location 记录。这行 tablet location 记录指向 metadata 表的第一个 tablet，该 tablet 被称作 root tablet。

BigTable 采用三层的 n 叉树结构来存储数据。这棵树的每个节点都是一个 tablet，如图 4.2 所示。

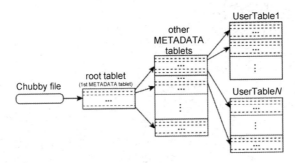

图 4.2　BigTable 的三层树结构（此图参考 BigTable 论文[1]）

4.2.2　tablet 的指派

前面讲到，需要将 tablet 指派给一个 tablet server。在下面的几种情况下，会出现未被指派的 tablet，并且需要将这些未被指派的 tablet 指派给一个 tablet server。

- 创建新表，同时会创建该表的第一个 tablet，BigTable 会选择一个 tablet server，并且将该 tablet server 的地址写入这个 tablet 在 metadata 表的这一行中，这样就完成了对这个 tablet 的指派（assignment）。
- tablet 分裂。
- tablet server 出现宕机，需要将该 tablet server 上的 tablet **重新指派**（reassignment）给一个 tablet server。

重新指派的过程比指派的过程要复杂，这里详细讲解一下。BigTable 用 chubby 来追踪哪些 tablet server 是活的，如果发现有 tablet server 宕机，那么该 tablet server 上的所有 tablet 都不处于服务状态，master 把这些 tablet 放到一个未指派集合中。未指派集合中的 tablet 会被 master 一次一个地分给适合的 tablet server。master 修改 metadata 表中的该 tablet 对应的那一行 tablet location 记录，并且给选定的 tablet server 发送一个 **tablet 加载请求**（tablet load request），让这个 tablet server 从 GFS 中加载该 tablet。

4.2.3　加载 tablet

tablet 中保存的信息（也称为 **tablet 的状态**）是持久化在 GFS 中的，以 GFS 文件的形式存在。前面讲过，在 metadata 表中，每一行 tablet location 记录，除了记录为该 tablet 所分配的 tablet server，还记录一个 GFS 文件列表。这个列表中的文件就持久化保存着该 tablet 的状态。当 tablet server 加载一个 tablet 时，会先从 metadata 表中读取该 tablet 的 location 记录，从而知道这个 tablet 被保存在哪些 GFS 文件中。

tablet 的状态被保存在两种类型的 GFS 文件中，即日志文件和数据文件。

- 日志文件中保存着重做（redo）记录，称为**提交日志（commit log）**。
- **数据文件**是一种 SSTable 格式的文件。

在 metadata 表中，还会保存名为**重做点（redo point）**的信息，用来记录提交日志中哪部分还在内存（即 memtable）中，哪部分已经写入 GFS 的数据文件中，完成了持久化。**加载 tablet** 的过程就是从 GFS 中读取日志文件，然后从重做点重新执行一遍 redo log，在内存中重建 memtable。此外，加载 tablet，还包括将 SSTable 文件的索引加载到内存中，这里就不展开介绍了。

4.2.4　tablet 的读/写操作

当 tablet server 加载 tablet 完成后，就可以处理读/写请求了。tablet 的读/写过程如图 4.3 所示。

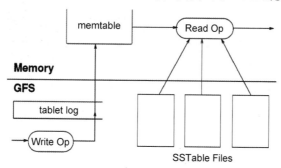

图 4.3　tablet 的读/写过程（此图参考 BigTable 论文[1]）

最近写入的数据会被保存在内存的 buffer 中，这个 buffer 叫作 memtable。比较旧的数据会被保存在 SSTable 文件中。

- 执行 tablet 的写入操作，会先调用 GFS 的客户端向日志文件中追加一条 redo 记录，然后数据会被插入 memtable 中。
- 执行 tablet 的读取操作，需要先在 memtable 中查找数据，如果查找不到，则会调用 GFS 的客户端在 SSTable 文件中进行查找。

4.2.5 合并

随着不断地写入，memtable 的长度会不断地增加，当达到一定的阈值之后，这个 memtable 会被冻结，同时一个新 memtable 会被建立。这个冻结的 memtable 会被转成一个 SSTable 文件写入 GFS 中，这个过程叫作**小合并**（ minor compaction ）。小合并可以减少内存的使用，并且缩短宕机后恢复的时间。

随着小合并的执行，SSTable 文件会越来越多，每个读取操作都需要合并从这些 SSTable 文件中读取的结果。为了减少 SSTable 文件的数量，需要定期执行**融合合并**（ merging compaction ）。merging compaction 会读取几个 SSTable 文件，合并成一个新的 SSTable 文件，再写回 GFS 中。

另外，还存在一种叫作**大合并**（ major compaction ）的过程。大合并会读取全部的 SSTable 文件，把它们合并成一个 SSTable 文件。

参考文献

[1] Chang F, Dean J. Bigtable: A Distribute Storage System for Structured Data. ACM Transactions on Computer Systems, 2006.

第 5 章
文档数据库 MongoDB

MongoDB 是一个开源的文档数据库，主要为 Web 应用提供可扩展的高性能数据存储解决方案。MongoDB 是一个介于关系型数据库和非关系型数据库之间的产品，在非关系型数据库中，它的功能最丰富，也最像关系型数据库。

5.1 MongoDB 的外部接口和架构

我们从 MongoDB 的外部接口和架构开始讲解。

5.1.1 MongoDB 的基本概念

在 MongoDB 中，数据是以文档形式保存的，一个文档（document）就是一个 JSON 格式的数据串。一组文档形成一个集合（collection）。一个 MongoDB 数据库可以包含多个集合。

5.1.2 MongoDB 的架构

MongoDB 由 4 个组件构成，它们是 mongod、mongos、configserver 和 client。其中 mongod 是一个进程，负责接收和处理客户端发送过来的请求，并且负责保存数据。本节重点讲解这个组件。

MongoDB 支持单机使用模式，也就是将数据仅保存在一个 mongod 进程中，这种模式被称作独立（standalone）模式。

除了 standalone 模式，MongoDB 还支持另外一种模式，即副本组（replica set）模式。在这种模式下，MongoDB 支持将数据冗余地保存多份，每一份称为数据的一个副本（replica）。也就是说，数据被保存在多个 mongod 进程中。在 MongoDB 中，数据副本和进程是一一对应的，所以一个 mongod 进程也被称作一个副本。而这样的一组 mongod 进程，被称作副本组。

在 replica set 中，只有一个 mongod 进程被称作**首要副本**（primary replica），它负责处理写操作，其他的 mongod 进程都被称作**次要副本**（secondary replica）。在默认的配置下，读操作也是由首要副本处理的。也就是说，在默认情况下，只有首要副本在工作，次要副本只负责保存冗余数据，随时准备接替首要副本。

5.2　MongoDB 的 standalone 模式

本节首先介绍基本的数据写入过程，然后介绍在 standalone 模式下出现的异常。

5.2.1　MongoDB 的写入过程

写操作是指插入文档、更新文档、删除文档。客户端将写请求发送给首要副本，首要副本向集合中插入该文档、修改集合中对应的文档，或者从集合中删除该文档，也就是会把写操作**应用**（apply）到对应的集合中。在 standalone 模式下，当把写操作应用到集合中后，写入过程就结束了。而在 replica set 模式下，还会有额外的复制过程（后面的 5.3.1 节会介绍复制过程）。

5.2.2　无确认导致的丢失更新异常

本节介绍在 standalone 模式下出现的一种异常。

场景：异步写入

当把写操作应用到集合中后，MongoDB 并没有通知客户端这次写操作成功，客户端也不等待 MongoDB 的通知。

在这种情况下，客户端只向 MongoDB 发送写操作请求，即使 MongoDB 没有成功处理这次写操作，客户端也不知道，只要发送了写操作请求，客户端就会认为这次写操作是成功的。在出现故障的情况下（比如网络连接断开、MongoDB 服务器节点重启等），会丢失大量客户端自认为写入成功的数据（请求可能没有到达 MongoDB，还在网络路由中，或者 MongoDB 已经接收到请求，还没来得及处理就宕机了），这种行为被称为**丢失更新（loss update）**。之所以说"客户端自认为"，是因为在这种情况下，MongoDB 并没有向客户端承诺写入成功。

在没有故障的情况下，是不会发生丢失更新异常的，并且客户端不需要等待 MongoDB 的**确认（acknowledgement）**，这种异步写入可以获得非常高的写入效率。然而，一旦出现故障，虽然客户端会出现异常报错，但客户端处理这个异常报错的过程是非常复杂的。因为客户端不知道从哪一条数据开始，MongoDB 没有进行正确的处理，往往要通过多次查询，确认哪些数据已经成功写入，哪些数据没有成功写入，然后重试失败的写操作。

原因：无确认

发生这种丢失更新异常的本质原因是无确认。

解决方法：写入确认

通常，可以通过让 MongoDB 给客户端返回一个**写入确认（write acknowledgement，ack）**来防止发生丢失更新异常。MongoDB 客户端可以通过 write concern:w 选项，要求服务器端返回 ack，开启了写入确认选项的客户端会等接收到 ack 后，再发送下一个写操作请求。

在开启了写入确认选项后，在异常情况下（比如网络断开、服务器重启等），受异常影响的请求不会接收到服务器端返回的 ack，客户端据此就知道这些写入执行失败，可以简单地重试相应的写操作。客户端对这种异常的处理，比没有写入确认的异步场景处理要简单得多。

5.2.3　未持久化导致的丢失更新异常

在开启了写入确认选项后，并不能完全避免丢失更新。下面介绍另一种丢失更新异常。

场景：重启

这种丢失更新是因为 MongoDB 接收到写请求后，会先把数据应用到集合中，但是这并不等于这部分数据已经被写入磁盘中，它们可能仍然在内存中。出于性能的考虑，并不是每次被应用到集合中的写操作都会立即持久化到磁盘中，根据某种策略可能会采取定期或者异步的方式将数据写入磁盘中。采取定期或者异步方式，可以将多个写操作批量地持久化到磁盘中，以优化磁盘的写入性能。

然而，这时如果 MongoDB 服务器重启，那么还没有持久化到磁盘中的写操作就会丢失，但是客户端已经接收到了 ack，所以这种丢失更新又被称为**丢失确认更新**（loss ack update），表明客户端已经接收到 ack 的写操作丢失了。这个更新可以是各种写操作，如插入、修改、删除等。

原因：未持久化

显而易见，发生这种丢失更新异常的本质原因是未持久化。

解决方法：写入日志

为了防止出现丢失确认更新，MongoDB 采用了**写入日志**（journaling）技术。MongoDB 可以通过 write concern:j 选项来开启写入日志。在开启了这个选项后，MongoDB 每次把写操作应用到对应的集合中前，都会把这次写操作记录在一个**日志**（journal）文件中，这些记录被称为**操作记录**。操作记录描述了这次写操作对集合应用了哪些变化。

如果发生重启，那么 MongoDB 可以重新执行一遍日志中记录的操作，这样数据库中就包含了所有的数据。集合也会被定期持久化到磁盘中，并且在持久化到磁盘中后日志记录一个检查点，下次重启只需要执行这个检查点之后的记录，检查点之前的操作记录可以删除。MongoDB 支持多种存储引擎（如 MMapV1 和 WireTiger），每种存储引擎实现日志都有所不同。

5.3 MongoDB 的 replica set 模式

即便同时开启了写入确认和写入日志选项，但如果 MongoDB 服务器发生不可恢复的宕机，那么也会出现丢失确认更新，并且丢失了 MongoDB 中的全部数据。所以这种丢失确认更新也被称为**丢失数据**（loss data）。这种丢失更新的本质原因是数据没有冗余。

standalone 模式最大的问题就是单点问题，机器宕机后，MongoDB 将不能再提供服务。而 replica set 模式引入了副本，解决了单点问题，但是多副本的引入也会带来更多出现异常的情况，防止异常的出现也非常复杂。

5.3.1　MongoDB 的复制过程

为了防止出现丢失数据异常，需要把数据保存多份，也就是要采用 replica set 模式。在 replica set 模式下，客户端会把写操作发送给首要副本，这个写操作会由首要副本负责应用到集合中。不同于 standalone 模式，在应用到集合中之后，MongoDB 还会把这个写操作应用到 replica set 中的所有次要副本上，这个过程被称为**复制**（replication）。

MongoDB 有一种机制，这种机制会观察每个集合的数据变化，一旦有数据变化，就将这个数据变化整理成一条**操作记录**，写入一个名为 oplog 的特定集合中，并且操作记录是幂等的，可以反复应用。这里需要注意，oplog 和我们之前讲的日志不是一个东西，虽然它们记录的操作记录是类似的，但使用 oplog 是专门为了把数据复制多份。

oplog 采用了一种特殊类型的集合，叫作**封顶集合**（capped collection）。capped collection 是一种只保存固定数量文档的集合，如果存储的文档超过这个数量，则最早存入的文档会被自动删除。

replica set 中的次要副本会主动去首要副本上拉取 oplog 集合中的操作记录，并把这些操作应用在自己的本地集合中。次要副本会严格按照 oplog 的顺序应用每一条操作记录（也就是说，次要副本会严格按照首要副本应用操作的顺序来应用操作记录），再加上每条操作记录是幂等的，并且每个操作都是**确定的**（deterministic）（也就是说，应用完这条操作记录后，一定会等到一个确定的结果，例如 x=1 就是确定的，而 x=currentTime() 就不是确定的，因为每次执行 x 的值都会不一样），这样就形成了一个**复制状态机**（replicated state machine）。那么，执行了所有操作记录的次要副本最后会具有与首要副本完全相同的数据。也就是说，它们具有相同的**状态**（state）。

有了复制之后，即使首要副本宕机，也不会出现丢失数据异常，因为数据是复制给所有次要副本的，数据还被保存在次要副本中。

虽然通过复制过程解决了丢失数据异常问题，但是这里还有一个问题，就是如果首要副本宕机，此时集群已经不能处理客户端请求了，则需要把其中一个次要副本提升为首要副本，让它继续处理客户端请求（后面的 5.3.3 节会详细讲解这个提升过程）。

5.3.2 无副本确认导致的丢失更新异常

本节我们介绍 replica set 模式下的第一种丢失更新异常。

场景：宕机故障

前面讲的复制过程仍然存在一个问题，就是在极端的情况下，比如首要副本成功写入集合中，它返回给客户端 ack，这时这个写操作还没有被写入 oplog 中，首要副本发生宕机，这个写操作还没有被复制到次要副本上，其中一个次要副本会转为首要副本，新的首要副本是不包含这个写操作的。也就是说，客户端的这个写操作会丢失，即发生了丢失确认更新异常。

原因：无副本确认

发生这种丢失更新异常的本质原因是写入确认没有反映写操作在副本上的应用状态。

解决方法：副本写入通知

次要副本应用完操作记录后会**通知**首要副本，告诉首要副本这个写操作已经成功应用。通过这个通知，首要副本可以知道，在某个时刻有几个副本成功应用了该写操作。

客户端通过 write concern:w 选项，要求首要副本在收到几个次要副本的通知后再返回 ack。也就是说，当指定数量的次要副本复制并应用了 oplog 后，通知首要副本，然后首要副本给客户端返回 ack。

但是，在极端的情况下，仍然有一些次要副本还没有复制这条操作记录，这时如果首要副本和已经复制并应用了 oplog 的次要副本全部宕机，那么刚刚确认过的数据就会丢失，出现丢失确认更新异常。

因此，无论把 w 设置成什么值，都是一个概率的问题，指定的成员数量越大，丢失确认更新的概率就越小。最极端的设置是，把 w 设置成全部副本的数量，只有全部副本都发生宕机，才会出现丢失数据异常。

可见，本节所介绍的丢失更新是不可避免的，通过任何手段都是不可能消除的。现实中，我们要接受一定概率的丢失确认更新。

将这个概率换成另一种说法，就是当宕机数量达到一定的阈值时，数据会丢失——如果首要副本和所有返回过通知的次要副本都发生了宕机，则出现丢失确认更新异常。

这里要注意的是，上面结论的否命题并不成立，也就是未达到宕机数量的阈值时，并不保证数据不丢失——首要副本和所有返回过通知的次要副本，即使有一个没发生宕机，也可能出现丢失确认更新异常（这取决于其他一些条件，后面的 5.3.4 节会继续讨论）。

这里还应该注意的另外一个方面就是，等待次要副本通知的数量不仅仅会导致丢失更新，还会导致 MongoDB 不可用。比如，把 w 设置成全部成员的数量，只要有一个成员发生宕机（哪怕是一个次要副本发生宕机），写操作就会失败，首要副本等待全部次要副本的通知，就会一直不给客户端返回 ack，客户端就会超时或者无限等待。

5.3.3　不正确选主导致的丢失更新异常

本节我们介绍 replica set 模式下的第二种丢失更新异常。

场景：选主

前面讲过，如果首要副本发生宕机，一个次要副本则会被提升为新的首要副本。选择新的首要副本的过程就叫作**选主**（leader election）。

那么，哪个次要副本会成为新的首要副本呢？错误地选择一个新主，会导致即便满足 5.3.2 节中讲的未达到宕机阈值的条件，也仍然会出现丢失确认更新异常。例如，客户端发送一个写操作，这个写操作要求一个次要副本通知首要副本成功后，首要副本才返回给客户端 ack。如果一个次要副本读取了 oplog 中的这条操作记录并且应用到自己的集合中，而其他次要副本还没有从首要副本中读取到这条操作记录，若此时首要副本发生宕机，MongoDB 没有选择这个成功完成复制的次要副本，而是选择了一个没有完成复制的次要副本作为首要副本，那么这个写操作就会丢失，即发生丢失确认更新异常。

原因：不正确的选主

发生这种丢失更新异常的本质原因是不正确选主，即选择了一个不包含最新数据的次要副本作为首要副本。

解决方法（第一部分）：选主协议 protocol v0

解决这种异常的方法包括两个部分，我们先来讲第一部分。

为了防止出现这种丢失更新异常，在选主时必须选择一个包含最新数据的次要副本作为首要副本。

oplog 中的每条操作记录都有一个属性叫作 optime，这是一个时间戳类型的属性，它记录了该操作发生的时间。

选主的依据是 optime，即选择 optime 大的次要副本，因为 optime 越大的次要副本一定复制了越多的操作记录，也就是有最大可能性与旧的首要副本具有相同的数据，选择它作为新的首要副本，可以最大程度地避免丢失更新。

在未达到副本宕机阈值之前，在没有宕机的次要副本中，一定存在一个与首要副本具有相同数据的次要副本，并且这个次要副本的 optime 一定是最大的；在超过了副本宕机阈值后，与首要副本具有相同数据的次要副本可能已经宕机，这时就会出现丢失确认更新异常。

MongoDB 选主依据下面几条原则：

- 要成为新的首要副本，一定要大多数成员同意。
- 针对一次选举，每个成员只能投票一次。
- 不同意 optime 比自己小的次要副本成为首要副本。

满足这几条原则，可以做到只有一个次要副本被选举成为首要副本。例如，replica set 中有 5 个成员，其中 A 和 B 选举 A 作为首要副本，C 和 D 选举 C 作为首要副本，无论是 A 还是 C，要成为新的首要副本都必须得到 E 的同意，但是 E 只能投票一次，即 E 要么选择 A，要么选择 C，所以只能有一个主产生。

但是，在上面的例子中我们会发现，这样的选主原则，并不一定能选举出数据最新的次要副本。继续上面的例子，如果 A 包含最新数据，C 不包含最新数据，也就是 A 的 optime 比 C 的大，而 C 的 optime 又比 E 的大，若 E 同意了 C 作为首要副本，那么新的首要副本就不会包含旧的首要副本的全部数据。

这种选主方法是 MongoDB 早期的方法。在 MongoDB 2.6.7 之前的版本中采用的选举协议被称为 protocol v0。在后面的版本中改进了选主协议，新的选主协议被称为 protocol v1（5.3.5 节会讲到）。

如果要避免上面所讲的丢失确认更新，还需要配合其他手段，也就是解决方法的第二部分。

解决方法（第二部分）：大多数写

为了防止发生丢失更新，按照上面的选举过程，我们必须让参与选举的大多数集合中一定要包含具有最新数据的次要副本。如果客户端要求首要副本在得到大多数次要副本的通知后再返回 ack，那么确认集合与选举集合必定有一个成员是重合的。也就是说，选举集合中一定存在包含最新数据的次要副本。

客户端可以设置 write concern:w 为 majority，来要求首要副本在接收到大多数次要副本的通知后再返回 ack。

至此，我们可以得到一个新的条件——只要大多数成员没有宕机，就可以保证不出现本节中所讲的丢失确认更新异常，并且可以选出一个新主对外提供服务。

5.3.4　脑裂导致的丢失更新异常

做了大多数选举和大多数写入后，仍然不能完全阻止出现丢失更新异常。下面再介绍一种异常。

场景：网络分区故障、回滚

前面讲了 replica set 成员宕机（不可恢复）、重启（可以理解为可恢复）的情况，但除了宕机和重启，还有其他故障情况，比如网络分区，网络分区要比宕机情况复杂。

当出现网络分区时，如果首要副本在大多数成员的一侧，那么处于少数成员一侧的都是次要副本，这些次要副本不能联系上首要副本，停止复制 oplog。在网络分区恢复以后，它们重新连接首要副本，继续复制 oplog。

如果首要副本在少数成员所在的一侧，那么处于大多数成员一侧的次要副本不能联系上首要副本，会进行重新选举，选择 optime 最大的次要副本作为新的首要副本，这个新的首要副本会接收客户端的连接和新的写入命令。而在少数成员一侧，旧的首要副本仍然继续运行，并且仍然认为自己是首要副本。这种存在两个首要副本的现象被称作分布式系统中的脑裂（brain split）。

旧的首要副本在一段时间后发现自己已经不是首要副本了，它会主动下台（step down）成为次要副本。根据网络分区持续和恢复的时间，存在两种旧的首要副本发现自己不再是首要副本并且主动下台的场景：

- 由于网络分区，首要副本联系不上大多数（例如，首要副本会给所有成员发送心跳请求，接收不到大多数的心跳回复）的次要副本，在一段时间后它会下台。
- 如果旧的首要副本没有及时通过心跳发现自己已经不是首要副本了，那么当网络分区恢复后，它联系上了网络分区期间失联的节点（其中包括新的首要副本），它就会发现新的首要副本的存在，它也会自己下台。

在旧的首要副本下台前，它仍然在接收客户端的请求。如果 write concern:w 选项设置的数量小于大多数，那么这些请求仍然会得到足够的次要副本的通知，并且首要副本会给客户端回复 ack，即写入是成功的。

在网络分区恢复后，处于少数成员一侧的次要副本（包括下台的旧的首要副本）会承认新的首要副本，但此时其状态已经和新的首要副本不一致了，这些次要副本需要回滚（rollback）不一致的状态。大致的回滚方式是，次要副本会寻找与新的首要副本相同的数据，那些与新的首要副本不同的数据会被删除。

在回滚后，旧的首要副本中与新的首要副本不一致的数据都会丢失，也就是丢失已经向客户端返回 ack 的一些更新操作，这时就发生了丢失确认更新异常。

原因：脑裂

发生这种丢失更新异常的主要原因是网络分区导致的脑裂，旧的首要副本在下台前，它仍然在正常工作，也就是可以成功地接收和处理客户端的请求。

解决方法：大多数写

前面讲过首要副本要求收到大多数副本写入通知，可以正确选出一个具有最新数据的新的首要副本，这里我们讨论大多数副本写入通知的另外一个作用。如果首要副本要求收到大多数副本的通知，旧的首要副本就不能正常工作，那么就可以阻止本节所介绍的这种丢失更新异常的发生。

客户端可以设置 write concern:w 为 majority，来要求首要副本收到大多数次要副本通知后返回 ack。

这样设置之后，即便请求写入旧的首要副本，但是由于旧的首要副本不会收到足够的次要副本的通知，它就不会回复客户端 ack，客户端也就不会认为写入成功。那么，旧的首要副本就会只包含还没有向客户端回复 ack 的一些更新操作，将其称为**未确认更新**（unack update）。

在网络分区恢复后，这些 unack update 是与新的首要副本不一致的，会被回滚，也就是丢失了还没有向客户端回复 ack 的一些更新，那么就不会发生丢失确认更新异常了。

5.3.5　缺失任期信息导致的丢失更新异常

前面讲解了设置 w 为 majority 可以阻止发生丢失更新，但这只是暂时的结论，在某些情况下，这样的设置仍然不能完全阻止发生丢失确认更新。接下来就讲述这些情况。

场景 1：A—B—A 切换

我们讨论这样一个比较极端的异常场景，如图 5.1 所示，在 replica set 中有 3 个节点：A、B、C。

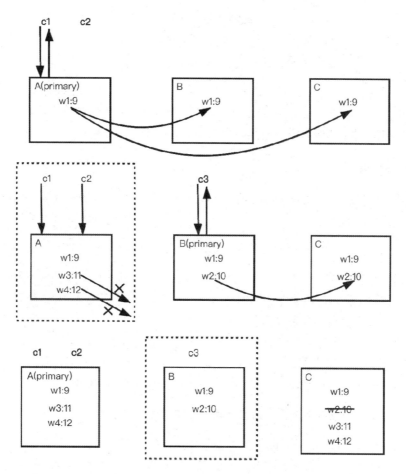

图 5.1　MongoDB A—B—A 切换

从图 5.1 可以看出，A 是首要副本，有两个客户端 c1、c2 连接在 A 上，并且 c1 写入 w1，w1 的 optime 是 9。

A 与其他节点发生网络分区，在网络分区的一侧，B 和 C 发生选主，B 成为新的首要副本，并且 B 收到客户端 c3 写入的 w2，w2 的 optime 是 10。这个 w2 被成功地写入 B，并且被成功地复制到 C，由于达到大多数，B 给客户端返回 ack。

在网络分区的另一侧，c1 和 c2 这两个客户端仍然连接在 A 上，A 仍然认为自己是首要副本。两个客户端分别向 A 发送了写请求 w3 和 w4，w3 和 w4 的 optime 分别是 11 和 12。由于发生网络分区，这两个写请求都只能被 A 本地写入成功，没有收到其他次要副本的通知，也并未给客户端返回 ack。

此时，B 和 C 发生网络分区，而 A 和 C 之间的网络分区恢复，A 和 C 发生选主。由于 A 的 optime 大，A 会成为新的首要副本。因为和 A 的 oplog 不一致，C 回滚 w2，也就是回滚了已经向客户端确认的写请求，发生了丢失确认更新。

在这个场景中，虽然将 write concern:w 选项设置为 majority，但是首要副本在不断地切换，即 A—B—A 切换，导致错误地保留了 unack 的更新，而丢失了 ack 的更新。

场景 2：时钟偏斜

前面讲述的场景是一种比较极端的情况。在机器系统时间异常的情况下，这种 A—B—A 切换导致的丢失确认更新会加剧。

之所以说前面讲述的场景比较极端，有如下两个原因：

- 旧的首要副本节点 A 会检测是否与大多数节点保持连接，B、C 会检测是否连接到首要副本，这两个检测的机制是相同的，所以在大概率的情况下，在 B 成为新的首要副本之前，A 已经下台不再接收客户端写入了。
- 连接在旧的首要副本上的客户端会等待旧的首要副本回复 ack，所以发送了 w3 和 w4 之后就不会再发送请求了。而新的首要副本上的客户端会很快完成 w2，并且后续会不断地发送请求，后面的请求 optime 有更大的可能性会超过旧的首要副本上的 12 这个时间戳。

所以，现实中不会发生这种丢失确认更新情况的可能性非常大。

前面讲过每条操作记录都有 optime，它是一个时间戳。这里要注意一个问题，每台机器的时钟不是完全一样的，机器之间时钟的不一样或者误差通常是非常小的，但是在非常极端的情况下，比如发生人为误操作的话，误差可能就比较显著。这种机器之间的时间差异，也就是时间的**不同步**（synchronized），叫作**时钟偏斜**（clock skew）。

时钟偏斜会加剧"场景 1"中丢失更新异常的出现。如果旧的首要副本的时钟比其他副本的时钟都快 10 分钟，那么即便旧的首要副本上只有一个 unack 的写操作，新的首要副本上有 10 000 个 ack 的写操作，旧的首要副本的 optime 也可能会大于其他副本的 optime。

解决方法：选主协议 protocol v1

这种丢失更新是 protocol v0 本身的设计导致的。为了解决这种丢失更新的问题，MongoDB 3.2 引入了新的选主协议 protocol v1。

protocol v1 中的 optime 不仅仅是一个时间戳，它还包括一个**任期**（term）。每次重新选举时，任期都会增加（相当于做加 1 的操作）。

回顾一下图 5.1 中 A—B—A 这种首要副本切换的场景，在大多数成员的一侧，B 和 C 发生选主，B 成为新的首要副本，选主成功，B 的任期增加，也就是 B 的任期要比 A 的任期大。虽然 A 在网络分区期间接受了更多的客户端写入，但是这些写入的任期要比 B 和 C 上接收的写入的任期小。在 A 的网络分区恢复而 B 又被网络分区后，A 和 C 发生选主，C 上写入的 optime 要比 A 上写入的 optime 大，A 不会成为首要副本，而 C 会成为首要副本。A 上那些没有被确认的写入会发生回滚，所以就不会发生丢失确认更新异常。

5.3.6　脏读异常

有了新的复制协议之后，MongoDB 已经彻底解决了丢失更新这种异常，但是除了丢失更新，还会有其他异常，比如脏读异常，下面我们就来介绍这种异常。

场景：ack 前读取

举例说明。假设存在 5 个节点的 MongoDB，节点分别为 N1、N2、N3、N4、N5，其中 N1 为首要副本，两个客户端分别为 c1 和 c2。

按照前面介绍的写入过程，如果客户端 c1 向首要副本节点 N1 写入 w1，依据 write concern:w 选项的设置给客户端返回 ack，在这个客户端收到 ack 之前，另外一个客户端 c2 发起读请求，那么这个客户端会读取到客户端 c1 写入的 w1。

上面这种情况产生的影响如下：

- 如果在这之后 MongoDB 没有发生任何异常，这次写入的 w1 会被成功地复制到 replica set 中的所有副本上，并且被所有成员成功地写入磁盘中。客户端 c2 就像一个"先知"一样，在这次写入成为事实之前提前知道了这次写入。

- 如果在这之后 MongoDB 发生异常（如发生网络分区），首要副本节点 N1 没有把这次写入复制到其他次要副本上，一个次要副本节点 N2 被选为新的首要副本，当网络分区恢复后，旧的首要副本节点 N1 重新加入 replica set，发现自己和新的首要副本节点 N2 不一致，N1 会回滚写入的 w1。在这种情况下，客户端 c2 就像一个"傻瓜"一样，读取到了一个不存在的数据，当它再次读取这个数据时，就读取不到了。这种情况被称为**脏读**（dirty read）。脏读也被称为**未提交读**（read uncommitted），也就是读取到了还未提交的数据。

MongoDB 默认是在首要副本上处理读操作的，也可以通过 read preference 选项的设置让客户端从次要副本上读取。与上面所讲的类似，如果从次要副本上读取，同样也会出现脏读。客户端 c1 在首要副本节点 N1 上写入 w1，N1 把 w1 复制到成员 N2 上，但是还没有复制到其他成员 N3、N4、N5 上，客户端 c2 依据 read preference 选项的设置从次要副本节点 N2 上读取到写入的 w1。这时发生网络分区，分区的一侧是 N1、N2，分区的另一侧是 N3、N4、N5，这时 N3、N4、N5 发生选主，N3 成为新的首要副本。当网络分区恢复后，N1、N2 重新加入 replica set，N1、N2 回滚写入的 w1，客户端读取到了不存在的数据。

原因：被回滚

不管是从首要副本上读，还是从次要副本上读，产生脏读都是因为客户端读取的数据在后续的回滚中被删除了。

解决方法：大多数读

为了解决脏读这种异常，在 MongoDB 3.6 中引入了**大多数读**，也就是只返回已经被复制到大多数副本的数据。因为被复制到大多数副本的数据不会被回滚，所以能防止脏读的发生。大多数读可以通过 read concern 选项进行设置。

这里需要注意的是，在处理读操作时大多数读并不是从大多数副本上读取数据，而是只从首要副本上读取。所有的次要副本在成功复制一个写操作后会通知首要副本，所以首要副本是知道某个写操作已经被大多数次要副本复制了的。MongoDB 会为每个数据保存多个版本，每个写操作都会增加一个新的版本，并且为这个版本（也就是一个写操作）记录收到了哪些副本的通知。即便有其他更新版本的数据写入，这个版本已经不是最新的版本，对这个数据的读操作也只会读取其最新的已经收到大多数确认的那个版本。另外，首要副本在等待前一个写操作的次要副本通知时，它可以再开始一个写操作，大多数读不会阻止对同一个数据的新的写操作。也就是说，大多数读不会读取数据的最新版本，只会读取已经得到大多数确认的历史版本。

5.3.7　陈旧读异常

到此为止，MongoDB 已经解决了大部分异常，但是它还会出现一种**陈旧读**（stale read）异常。陈旧读就是读取到一个陈旧的数据，比如客户端 c1 进行一个写操作，写入 w1，当操作完成后，首要副本给客户端 c1 返回 ack，在收到 ack 之后的时间里，任何客户端（包括 c1）进行读操作都应该读取到 w1，如果读取到的不是 w1，那么就发生了陈就读。

场景：网络分区

如前面所讲，大多数读是读取一个历史版本，但是这里所讲的陈旧读异常并不是由于读取一个数据的历史版本而引起的。对于大多数读来说，读取的不是最新的版本，最新的版本还没有得到 ack，读取最新版本也就不能被认为是成功的读取。收到大多数复制确认的数据才能被认为是写入成功的数据。

实际上，陈旧读出现在发生网络分区时，这种异常仍然是由网络分区导致的。在发生网络分区时，仍然存在连接在少数成员一侧的旧的首要副本的客户端，并且这些客户端仍然可以进行读操作。这是因为大多数读只需要从首要副本这一个节点进行读取，所以，虽然此时首要副本与大多数次要副本是不能通信的，但这并不影响读操作，首要副本仍然可以读取到已经复制到大多数节点的数据，而多数成员一侧会重新选主，新的首要副本接收新的写入并且复制到大多数节点，连接在旧的首要副本上的客户端不能读取到这些最新的数据。

原因：脑裂

陈旧读发生的原因在于网络分区导致脑裂，在网络分区的少数成员一侧的旧的首要副本仍然可以处理读请求。

解决方法：线性读

为了防止陈旧读，在 MongoDB 3.6 中引入了**线性读**（linearizable read）。线性读可以通过 read concern 选项进行设置。

从前面讲述的内容可以知道，要阻止陈旧读，需要阻止处于网络分区的少数成员一侧的旧的首要副本处理读请求。我们知道，这种状态是比较短暂的，因为首要副本发现自己联系不上大多数次要副本之后，会主动下台。但是仍然有一段短暂的时间会发生陈旧读，如果要阻止这段时间发生陈旧读，则可以采用线性读。我们知道，大多数写操作要等待大多数副本确认之后才会成功，线性读实际上是在读之后阻塞等待，做了一次空的写操作，这个空的写操作会被复制到大多数副本，保证首要副本不是处于网络分区的少数成员一侧，当复制成功之后才完成读操作。

第6章
消息系统 RabbitMQ

RabbitMQ 是一款开源的分布式消息 broker。

6.1 RabbitMQ 简述

6.1.1 关于 broker

什么是 broker？为什么要用 broker 来描述 RabbitMQ 呢？

在一个**消息系统**（messaging system）中，RabbitMQ 位于两类应用的中间，其中一类是消息的**生产者**（producer）；另一类是消息的**消费者**（consumer）。也就是说，RabbitMQ 是这二者之间的**中介者**（broker）。

我们通过类比的方式来说明 broker。先看 server（服务器）这个词的翻译。server 直译是**服务者**的意思，服务者的职责是对外**提供服务**（serving，就是收到一个请求，返回一个响应）。server 可以指物理上的一台机器，也可以指一个进程（比如 web server）。

与 server 的翻译进行类比，broker 应翻译成**中介器**。broker 直译是**中介者**的意思，中介者的职责是对外**提供中介**（broking，不同于 serving，broking 是指介于二者之间的撮合者，在 messaging 的场景下，就是指介于生产者和消费者之间，替二者传递消息）。一般在消息系统（不仅仅是 RabbitMQ）中，进程往往不被称为 server，而是被称为 broker。

6.1.2　RabbitMQ 的接口

简单来说，RabbitMQ 对外暴露了队列（queue）的概念，队列中保存着 RabbitMQ 所要传递的消息。生产者会向这个队列中发送消息，我们称这个发送的动作为发布（publish），而消费者会从这个队列中读取这些消息，我们称这个读取的动作为订阅（subscribe）。RabbitMQ 支持非常丰富的语义功能，但这些不是本书的主题，这里就不展开介绍了。

6.1.3　镜像队列

队列的内容可以被镜像（mirrored）到多个节点上。这里需要注意的是，不同于其他的分布式系统，RabbitMQ 采用了"镜像"这个词，而没有采用很多分布式系统中所采用的复制（replicate）一词。被镜像过的队列叫作镜像队列（mirrored queue），它包含一个主（master）镜像和一个到多个队列镜像（queue mirror）。在很多分布式系统中，队列镜像往往被称为副本（replica）。

6.2　RabbitMQ 的基本实现

RabbitMQ 功能丰富，所以 RabbitMQ 的实现也非常复杂，接下来介绍与本书主题有关的几个方面的实现。

6.2.1　镜像复制

队列的所有操作都发生在 master 上，master 会在处理完一个操作后，将这个操作传播给活着的镜像，master 会维护一个列表记录所有活着的镜像。这个列表最初来自 Policy 定义，后续 master 会动态维护这个列表。如果在向一个镜像上传播一个操作时没有成功，则说明这个镜像已经不是活着的镜像，master 会把这个镜像从列表中剔除，下一个操作就不会再传播给该镜像了。master 和镜像之间还有心跳机制，master 也会根据心跳的结果剔除没有活着的镜像。

RabbitMQ 会把一条消息成功写入所有镜像后，才处理下一条消息，这样可以保证所有镜像上的消息都与 master 上消息的顺序是一样的。这也带来了一个问题：如果某个镜像宕机，那么 master 只能等待超时，把这个镜像剔除后，才能继续处理接下来的消息。还有一件重要的事情是，队列处理消息的快慢取决于写入最慢的镜像，如果某个镜像由于某种原因（比如 CPU 负载高）写入消息比较慢，那么即使其他镜像有足够的能力，这时整个队列处理消息也会比较慢。

6.2.2　镜像加入队列

通常，如果某个镜像所在的 broker 发生宕机，那么这个镜像就会被认为是不可用的，master 会把这个镜像从列表中剔除。当这个 broker 重启后，其上的镜像会被重新加入队列中。在发生网络分区的情况下，某个镜像也会被认为是不可用的，当网络分区恢复后，这个镜像也会被重新加入队列中。

无论是宕机还是网络分区，都会导致队列镜像的数量少于 Policy 定义的数量。如果宕机的节点或者网络长时间不能恢复，那么 RabbitMQ 会将一个全新的空镜像加入这个队列中（如果存在可用的 broker 的话），尽量让队列符合 Policy 定义。

显然，在创建一个新队列时，新镜像也需要被加入这个队列中。

此外，Policy 的改变也会导致新镜像被加入队列中。比如一个队列的镜像的 Policy 定义从 2 个镜像变成 3 个镜像，一个新镜像就会被加入这个队列中。

6.2.3　镜像同步过程

无论什么原因导致镜像被加入一个新队列中，这个镜像都必须满足一个条件：它一定是一个空镜像。如果这个镜像曾经属于一个旧队列（不管它曾经属于其他队列，还是属于这个队列），那么它可能包含了属于那个旧队列的数据，因此它需要清除这些数据，让自己变成一个空镜像，然后再加入这个新队列中。

新镜像被加入队列中后，一般来说要落后于队列的 master，这是因为新镜像是空的，而队列的 master 已经包含了消息。但是新镜像并不试图追齐 master，它只接收其加入之后的消息。也就是说，master 在收到一条消息后，会传播给队列中的所有镜像，也包括新加入的镜像。随着消费者不断地消费消息，之前的消息会被不断地从 master 中删除，肯定在某个时刻，master 中不再包含之前的消息，这时 master 和新镜像就包含了完全相同的消息，那么新镜像就达到了同步（synchronized）状态。而在达到同步状态之前，新镜像处于非同步（unsynchronized）状态。在这里，RabbitMQ 也没有采用很多分布式系统中所采用的一致（consistent）这个词。

前面讲过，master 一定要将当前消息成功传播给所有副本后才会处理下一条消息，所以我们可以得出这样一个结论：处于非同步状态的镜像只能是新加入队列的镜像。如果一个镜像已经被加入队列中且达到了同步状态，并且始终正常地接收 master 的写入而没有被剔除，那么这个镜像会一直保持同步状态。

上面讲的是一种自然追齐的方式。RabbitMQ 也支持另外一种追齐方式，就是停止 master 写入新消息，新镜像从 master 拉取所有消息，当新镜像具有与 master 完全相同的消息后，才允许 master 继续写入新消息。这种强制追齐的方式被称为**同步（synchronization）**。同步分为两种，其中一种是**手工同步（manual synchronization）**，由人为的运维操作触发；另一种是**自动同步（automatic synchronization）**，也就是一旦有新镜像加入队列，RabbitMQ 就停止 master 的写入，并且让新镜像追齐 master 的所有消息。

6.3 master 切换及 RabbitMQ 的异常处理

每个队列都有一个 master，当发生 master 宕机，或者发生主动运维操作（比如升级、重启 broker、停止 broker），或者发生网络分区时，可能会发生 master 的切换，也就是有另外一个镜像接管了这个 master 的职责。

6.3.1 意外宕机后的 master 切换

RabbitMQ 按这样的规则来选择一个新的 master：如果 master 所在的 broker 发生宕机，则最早加入这个队列的镜像会成为新的 master，但是该镜像不一定达到同步状态。通过参数设置，也可以要求只有达到同步状态的镜像才能成为新的 master。

6.3.2 主动运维后的 master 切换

当主动关机时（比如进行升级操作、重启 broker），RabbitMQ 只会让具有同步状态的镜像中最早加入队列的那个镜像成为新的 master。具体来说，有下面两种情况：

- 如果存在具有同步状态的镜像，那么该镜像会成为这个队列的新的 master，原来的 master 重启后，发现队列的 master 已经不是自己了，它会清空自己本地的所有消息，作为一个普通镜像重新加入队列中。
- 如果不存在具有同步状态的镜像，那么在旧的 master 重启之前，这个队列就一直处于没有 master 的状态，也就是处于不可用的状态，需要等待 master 重启成功后，才可以继续对外提供服务。

类似地，可以通过设置参数要求不管是否达到同步状态，最早加入队列的镜像都会成为

master。当这个新的 master 不具有同步状态时，旧的 master 同样会清空自己本地的所有消息，作为普通镜像加入队列中，那么原来只存在于旧的 master 中的消息就会丢失。

6.3.3 意外宕机与主动运维的默认行为差异

可以看出，RabbitMQ 在发生 master 宕机和发生主动运维操作时的默认行为正好是相反的——在宕机处理上，保证的是 RabbitMQ 尽量可用；在主动运维时，则保证的是数据尽量不丢失。

6.3.4 网络分区后的 master 切换

当发生网络分区时，原本的一个集群被分割成多个分区，master 只能存在于其中的一个分区中，其他分区中不存在 master。对于那些处于其他分区中的镜像来说，其 master 不可用，会选出一个新的 master。与前面两种 master 切换场景不同的是，对于同一个队列来说就存在多个 master，这种现象被称为脑裂（brain split）。

如果发生网络分区，RabbitMQ 会检测出每个分区中有几个 broker，并且根据集群原有的 broker 的数量来判断：每个分区中是包含了大多数节点，还是只包含了少数节点。

总体来说，RabbitMQ 有两种策略来处理网络分区：

- 暂停少数分区。
- 让所有分区独立运行。

1. 暂停少数分区（pause_minority）

暂停少数分区就是指 RabbitMQ 会停止少数分区中的所有 broker，断开这些 broker 上的所有客户端连接。

暂停少数分区后，会出现下面两种情况：

- 如果某个队列的 master 不在少数分区中，而是在大多数分区中，那么这个队列仍然可以继续运行。当网络分区恢复后，少数分区中的镜像会清空自己本地的所有消息，重新加入队列中。
- 如果 master 在少数分区中，那么大多数分区中的普通镜像就会发现 master 不可用，大多数分区中最早加入这个队列的镜像会成为新的 master。当网络分区恢复后，RabbitMQ 会重启少数分区中的所有 broker，原来不是 master 的镜像会清空本地消息，重新加入队列中。原来的 master 发现队列中已经有新主了，也会清空本地消息，作为普通镜像重新加入队列中。可见，在这种情况下，如果大多数分区中成为新的 master 的镜像不是具有同步状态的，那么就会丢失数据。

2．让所有分区独立运行

在发生网络分区后，也可以让所有分区独立运行，那么不存在 master 的分区就会选出一个新的 master，使得这个队列在任何一个分区中都可以继续运行。当网络分区恢复后，可以采用不同的恢复方式。

- ignore：当网络分区恢复后，RabbitMQ 忽略恢复处理，将恢复处理留给系统管理员来做，由系统管理员来选择留下哪个分区，将不要的分区中的 broker 全部重启，让它们清空自己重新加入队列中。采用这种处理方式，需要系统管理员熟悉 RabbitMQ 的工作原理，并且能够判断出舍弃哪些分区带来的损失最小，因为舍弃分区一定会导致数据丢失。
- autoheal：与 ignore 方式不同的是，当网络分区恢复后，RabbitMQ 自动做出选择，舍弃少数分区，将少数分区中的 broker 重启，让它们重新加入队列中。可想而知，与 ignore 方式相同，这种方式也会存在丢失数据的可能。

6.4　确认机制

RabbitMQ 在生产者和消费者两侧都支持消息确认机制。

在生产者一侧，确认机制叫作 confirm。生产者发送一条消息，master 收到这条消息，将这条消息写入本地，并且将这条消息传播给所有的镜像，当所有的镜像都回复说已保存至本地后，master 回复客户端一个 confirm。

在消费者一侧，确认机制叫作 acknowledge。当队列里有新的消息时，master 将这条消息发送给消费者，消费者收到这条消息并成功处理后，它会发送一个 acknowledge 给 master。master 收到 acknowledge 之后，将这条消息从本地删除，并且把删除动作传播给所有的镜像。如果 master 在规定的时间内没有收到消费者的 acknowledge，则 master 认为这条消息没有被成功消费，它会把这条消息标记成 redelivery，并且把它重新放回队列中，发送给其他消费者。此外，消费者也可以主动发送一个 no-ack，表明它没有成功处理这条消息，master 收到 no-ack 后，也会把这条消息标记成 redelivery 放回队列中。

第 7 章
协调服务 ZooKeeper

ZooKeeper 是一个开源的分布式协调服务，用来协调一个分布式系统中的多个进程协同工作。

7.1　协调服务的应用场景

我们从 ZooKeeper 的应用场景来解释什么是**协调（coordination）服务**。ZooKeeper 主要被应用在配置管理（configuration management）、组员（group membership）、选主（leader election）、锁（lock）上。

1. 配置管理

配置管理用来实现分布式系统中的动态配置，配置信息被存储在 ZooKeeper 中。当进程启动时，进程连接到 ZooKeeper，从 ZooKeeper 中读取配置信息。ZooKeeper 保持这个连接，当配置更新时，它会通知所有连接的进程配置有变化，进程可以重新读取配置信息。

这是一个很常见的使用场景，比如 HBase 将 region 的信息记录在 ZooKeeper 中，Kafka 将分片信息记录在 ZooKeeper 中。

2. 组员

一个分布式集群，集群中的成员是动态变化的，集群成员信息包括：

- 有新成员加入。
- 有旧成员离开（宕机、重启）。
- 当前有哪些成员。

比如在 HBase 中，master 需要知道有多少个 region server，并为每个 region server 分配其负责的 region。当集群中有 region server 宕机时，master 需要知道是哪个 region server 发生了宕机，并把它负责的 region 分配给其他 region server。如果有新的 region server 加入，则可以把一部分 region 迁移到新的 region server 上。

3．选主

一个分布式集群，需要选举其中一个成员作为 leader，并且只有唯一一个成员被选为集群的 leader，比如 HBase 中的 master、Kafka 中的 partition leader 和 controller。

4．锁

锁场景与选主非常类似，在一个集群中只有一个成员能获得锁。

总结以上场景，我们可以看到在分布式系统中有多个进程存在，要想让这些进程按照预想的方式工作，必须很好地协调系统中每个进程的行为，ZooKeeper 就是这个系统中的协调员。在这些进程中，谁担任 master，哪些进程还活着，哪些进程已经死了，又有哪些进程加入系统，等等，都由 ZooKeeper 这个协调员来管理。分布式系统就像是一个动物园，每个进程都是动物园里的动物，而 ZooKeeper 就是动物园管理员。

7.2　ZooKeeper 简述

本节介绍 ZooKeeper 的数据模型、外部接口和架构。

7.2.1　ZooKeeper 的数据模型

ZooKeeper 的数据模型类似于一个文件系统，但是 ZooKeeper 并不是一个文件系统，它只是使用了与文件系统类似的树形结构来管理数据，如图 7.1 所示。

这个树形结构被称为**数据树**（data tree），树上的每个节点都被称为 **znode**，每个 znode 都可以使用类似 UNIX 系统中的**路径**（path）来标识。

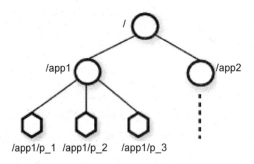

图 7.1　ZooKeeper 的数据模型（此图参考 ZooKeeper 的论文[1]）

znode 有两种类型，如下所示。

- regular（常规的）：znode 在创建之后必须由客户端删除，否则会一直存在。
- ephemeral（临时的）：znode 在创建之后可以由客户端删除，也可以由系统自动删除。

此外，每个 znode 还可以指定一个 sequential（顺序性）属性。当一个 znode 被指定了 sequential 属性后，在这个 znode 下创建的所有子 znode 都会在名字的末尾添加一个单调递增的编号，后创建的子 znode 一定比先创建的子 znode 具有更大的编号。

客户端可以为每个 znode 都设置一个观察器（watch），当 znode 有变化时，也就是发生 znode 被修改、删除等操作时，客户端会收到通知（notification），被告知这个 znode 的数据发生了变化。

当一个客户端连接到 ZooKeeper 后，它会保持一个长连接，并且会创建一个会话（session），每个 session 都有超时时间（timeout），如果超过这个时间还没有收到客户端发来的心跳，ZooKeeper 就认为这个客户端已经死掉，会关闭这个 session。客户端自己也可以主动关闭这个 session。当一个 session 被关闭后，这个 session 对应的客户端创建的 ephemeral 类型的 znode 和观察器都会失效，随着这个 session 一同被 ZooKeeper 删除。

7.2.2　ZooKeeper 的外部接口

下面介绍 ZooKeeper 的外部接口。

- create(path, data, flags)：创建一个路径名为 path 的 znode，znode 中保存的数据是 data，flags 是 znode 的标识，这个标识包括前面讲过的 regular 类型、ephemeral 类型、sequential 属性这些信息。

- delete(path, version)：删除路径名为 path 的 znode，如果指定 version，则只有当库中的版本与 version 相同时才删除。
- exist(path, watch)：判断是否存在路径名为 path 的 znode。watch 参数指定是否同时创建一个 watch。
- getData(path, watch)：读取路径名为 path 的 znode 中的数据。watch 参数指定是否同时创建一个 watch。
- setData(path, data, version)：向路径名为 path 的 znode 中写入数据 data。如果指定 version，则只有当库中的版本与 version 相同时才写入。
- getChildData(path, watch)：读取路径名为 path 的 znode 中所有子 znode 的名字。
- sync(path)：这个方法被调用后会一直等待，直到调用它之前的所有更新都已经复制到客户端连接的 server 后才返回。path 未被使用。

7.2.3　ZooKeeper 的架构

一个 ZooKeeper 服务（service）由多个 server 组成，ZooKeeper 的架构如图 7.2 所示。

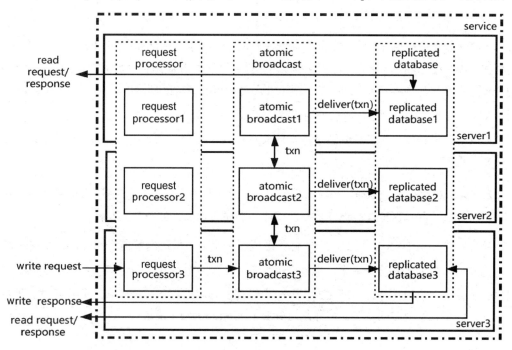

图 7.2　ZooKeeper 的架构

在图 7.2 中，物理上，一个服务由多个 server 组成；逻辑上，一个服务由三个逻辑组件组成，即**请求处理器**（request processor）、**原子广播**（atomic broadcast）和**多副本的数据库**（replicated database）。每个逻辑组件在每个 server 中都存在。

ZooKeeper 采用**首要备份模式**（primary backup scheme）。**写请求**（write request）由请求处理器处理，并且只由其中一个 server 上的请求处理器处理。这个处理写请求的请求处理器所在的 server 被称为**首要**（primary）**进程**，其他 server 被称为**备份**（backup）**进程**。因为只有首要进程的请求处理器处理写请求，该请求处理器可以串行依次处理所有的请求。

写请求由请求处理器转换成一个**事务**（transaction）交给原子广播组件继续处理，在图 7.2 中 transaction 被简写为 txn，后面的 7.3.2 节会详细讲解事务。

备份进程收到写请求后，会把写请求转发给首要进程处理。

读请求（read request）不需要经过请求处理器和原子广播组件处理，它可以由多副本的数据库组件处理，并且读请求不仅仅可以由首要进程处理，也可以由备份进程处理。

原子广播组件采用的是 Zab 算法（关于 Zab 算法知识，请参考第 12 章）。从 Zab 算法中可以知道，原子广播组件将一个事务广播到所有的 server 上，并且投递（deliver）到每个 server 的数据库中。在 ZooKeeper 中，Zab 中的投递操作就是将事务应用到本地的数据库。Zab 算法中的一个进程被称为**领导者**（leader），用于处理写请求的请求处理器可以和 Zab 的 leader 不在同一个 server 上，通过网络，请求处理器的首要进程将事务发送给 Zab leader。为了简化，请求处理器的首要进程就采用了 Zab 选举出来的 leader。也就是说，Zab 选出的 leader 就是请求处理器的首要进程。

Zab 算法可以在上一个提议还没有投递之前，允许开始广播下一个提议。Zab 算法可以同时处理多个提议，并且保证这些提议是按照广播的顺序投递的，如图 7.3 所示。

这样一来，每个 server 中的三个组件就形成了一个请求处理的**管道**（pipeline）。Zab 算法允许 pipeline 同时处理多个请求。也就是说，上一个组件处理完请求之后会把请求交给下一个组件，不管下一个组件是否处理完成，上一个组件都开始处理下一个请求。那些还没有被最终处理完，停留在管道中的请求，被称作**未解决**（outstanding）**请求**。

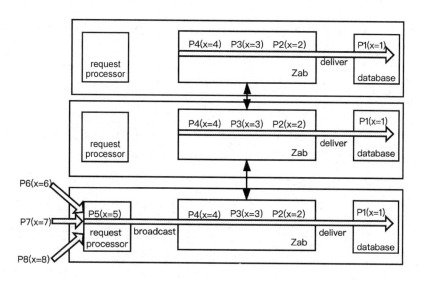

图 7.3　ZooKeeper 的 pipeline

7.3　ZooKeeper 的实现细节

本节我们来介绍 ZooKeeper 的实现细节。

7.3.1　客户端异步处理

ZooKeeper 的客户端是以异步方式请求 ZooKeeper 服务的。也就是说，客户端将上一个操作的**请求**（request）发送给服务，不用等待这个操作的**响应**（response），就可以发送下一个操作的请求。

7.3.2　请求处理器

请求处理器这个组件处理由客户端发来的**客户端请求**（client request），在客户端请求中是客户端对 ZooKeeper 服务的接口调用。

但是请求处理器不能把客户端请求直接交给 Zab。虽然从图 7.3 所示的例子来看，同时提交多个客户端请求到 pipeline 中，这些请求工作得非常好，但是我们注意到 ZooKeeper 接口中的方法效果实际上是累加的效果。我们举例来说明这种累加效果。比如有一个 znode 的路径是/parent，它具有 sequential 属性，现在执行这个方法调用：

```
//在路径名为 parent 的 znode 下创建名为 child 的子 znode
create (/parent/child, bbb);
```

创建子 znode 的这个方法在执行前，是不确定会向数据库中写入什么数据的。首先要看数据库中/parent 下已经存在的编号最大的子 znode，把这个 znode 的编号加 1，作为新创建的 znode 的编号。

但是，从 Zab 算法（见第 12 章介绍）可知，Zab 算法在**恢复**（recovery）的过程中，会重复投递一个提议。也就是说，这个创建子 znode 的客户端请求可能被重复执行，而这种有累加效果的操作是不能重复执行的，因为每次执行都会创建一个新的子 znode。这种不能重复执行的操作被认为不是**幂等的**（idempotent）。

请求处理器会把客户端请求转换成名为**状态变更**（state change）的操作，也就是事务操作。请求处理器不会把客户端请求操作交给原子广播组件，而是会把转换之后的事务操作交给原子广播组件。例如，请求处理器会把上面的客户端请求转换成下面的状态变更操作：

```
SetDataTxn(/parent/child001, bbb);
#
```

事务是客户端请求执行之后的结果。事务可以被直接写入数据库中，并且可以被反复执行。

将客户端请求转换成状态变更操作，不仅仅依据数据库中的状态，还要考虑所有的未解决请求。我们看图 7.4 所示的例子。

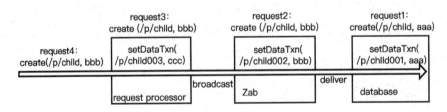

图 7.4　ZooKeeper 的事务

如图 7.4 所示，数据库中执行了 request1，目前它存在一个子 znode（child001）。请求处理器在处理 request2 时，确定数据库中已有 child001，将 create(/p/child)这个客户端请求转换成 setDataTxn(/p/child002)事务操作。请求处理器在处理 request3 时，不仅要确定数据库中存在

child001，还要确定未解决请求 pipeline 中有一个事务 child002，这样它就可以将 request3 转换成 setDataTxn(/p/child003)事务操作。同理，当请求处理器处理完 request3 后，开始处理 request4 时，它要考虑数据库中的状态，同时还要考虑两个未解决的事务 child002 和 child003。

ZooKeeper 的 API 中还有一类操作叫作**条件（conditional）操作**，比如在 setData 操作中指定了版本，只有当它与数据库中的数据版本匹配时才执行该操作。条件操作在被转换成事务前也必须同时检查数据库中的状态和未解决的事务，只有当其版本匹配上数据库中的数据版本或者最新的未解决的事务时才交给 Zab 算法，否则会报异常。

7.3.3 原子广播

在第 12 章中，我们会详细介绍原子广播组件中的算法的细节，本节就不详细讲解这个组件了，因为它的实现主要就是 Zab 算法的实现。这里主要讲解在原子广播组件中，不属于 Zab 算法的一个实现细节。阅读完第 12 章后，你会了解 Zab 算法中有 leader 和 follower 两种角色，并且在第 12 章中还会介绍 Zab 的 leader 就是 ZooKeeper 的首要进程，Zab 的 follower 就是 ZooKeeper 的备份进程。建议阅读完第 12 章后，重新阅读本节。

前面讲过，首要进程收到写请求后会转发给备份进程来执行。也就是说，在原子广播组件中，follower 收到写请求后会转发给 leader 来执行。这里有一个问题需要注意，follower 收到 leader 返回的成功后并不会马上向客户端返回成功，我们来考虑图 7.5 所示的例子。

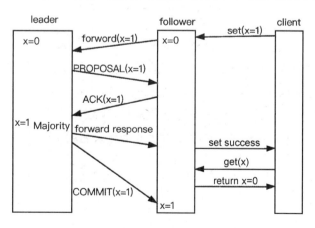

图 7.5 原子广播

在图 7.5 所示的例子中，follower 收到客户端请求，follower 把请求转发给 leader，leader 开始 Zab 算法。当 leader 收到大多数的 ACK 后给 follower 回复说其转发的请求处理成功，但这时 COMMIT 消息还没有被发送到 follower，follower 并没有把 x=1 这个操作投递到数据库中，在数据库中仍然是 x=0。如果 follower 收到转发的回复后就给客户端回复成功，那么客户端在后续发来的 get 请求中读取到的就会仍然是 x=0。这种情况违反了 ZooKeeper 的一致性保证，ZooKeeper 对这种情况做了处理，如图 7.6 所示。follower 收到转发的回复后需要等待，直到这个事务在本地投递后，才会给客户端返回成功。

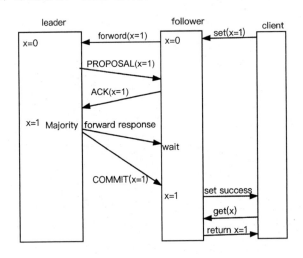

图 7.6　ZooKeeper 的一致性

ZooKeeper 在原子广播组件中做这样的处理，是为了让 ZooKeeper 的一致性达到顺序一致性。顺序一致性对 ZooKeeper 来说是非常重要的，它是 ZooKeeper 能够完成作为协调服务所要支持的应用场景的重要保证。本章我们就不展开讨论 ZooKeeper 是顺序一致性的这个问题了，第 14 章会详细介绍顺序一致性。第 15 章会介绍线性一致性，并且在介绍完这两种一致性之后，在 15.4 节会详细分析 ZooKeeper 的一致性，也就是为什么 ZooKeeper 是顺序一致性的。

参考文献

[1] Hunt p, Konar M, Junqueira FP, et al. ZooKeeper: Wait-free coordination for Internet-scale systems. USENIXATC'10: Proceedings of the 2010 USENIX conference on USENIX annual technical conference, 2010.

第 8 章
Google 的 Spanner 数据库

Spanner 是 Google 公司开发的一个数据库。Google 在 2012 年发表了一篇关于 Spanner 的论文,从中我们能够了解到 Spanner 的实现细节。2017 年,Google 发表了关于 Spanner 二代的论文,论文中讲述了如何在 Spanner 一代的基础上添加一个 SQL 层,让 Spanner 成为一个 SQL 系统。SQL 这部分不是本书关注的重点,所以本章仍然讲解 Spanner 一代。Google 在 Google Cloud 上售卖 Spanner 二代产品,其整体特性与 Spanner 一代类似。

总体来说,Spanner 是一个全球部署(globally)、可扩展(scalable)、时间维度多版本(temporal multi version)、同步复制(synchronized replicated)、具有外部一致性(external consistency)的数据库。

8.1 Spanner 的数据模型

Spanner 的数据模型包括三部分:带模式的半关系型表(schematized semi-relational table)、查询语言(query language)、通用事务(general-purpose transaction)。Spanner 一代也采用了类似于 SQL 的查询语言,但这不是本书关注的内容,所以这里不讨论这一部分,只介绍另外两部分。

8.1.1 带模式的半关系型表

与关系型数据库类似,在 Spanner 中可以创建库(database),在一个库中可以创建多个表（table），该表与关系型数据库中的表类似，包含行（row）和列（column）。表必须被设置一个可以由多个列组成的**主键**（primary-key）。上面这些**模式**（schema）必须在使用前声明，示例如下：

```
CREATE TABLE Users{
    uid INT64 NOT NULL,
    email STRING;
 }PRIMARY KEY(uid), DIRECTORY;

CREATE TABLE Albums{
   uid INT64 NOT NULL,
   aid INT64 NOT NULL,
   name STRING;
 }PRIMARY KEY(uid, aid), INTERLEAVE IN PARENT Users ON DELETE CASCADE;
```

在上面的例子中，创建了两个表。第一个表是 Users（用户表），它包含两个列：uid（用户 id）和 email（用户的 E-mail）。uid 被设置为主键。

第二个表是 Albums（用户相册表），它包含三个列：uid（这个相册所属的用户 id）、aid（相册 id）和 name（相册的名字）。uid 和 aid 的组合被设置为主键。

虽然上面讲的这些内容看起来与关系型数据库类似，但 Spanner 并不是一个关系型数据库，其实际的数据模型更类似于**键值存储**（key-value store），也就是从主键到非主键的映射，并且按照主键排序。

在关系型数据库中，上面的 Albums 表的声明会不太一样，字段 aid 会被设置为主键，而字段 uid 会被设置为外键来关联 Users 表。但是出于性能的考虑，Spanner 中并不存在外键关系（这是因为 Spanner 是分布式数据库，它会把数据保存在多台服务器上，本章后面会讲解 Spanner 的分布式特性），而是设计一种**层级关系**（hierarchy）。在这种层级关系中，Users 表被称为**目录**（directory）**表**（在上面的例子中，用 DIRECTORY 关键字表示），或者**父**（parent）**表**，而子表 Albums 与父表**交织**（interleave），被交织的表的数据会被保存在一起，如图 8.1 所示。

在上面的例子中，ON DELETE CASCADE 表示删除 Users 表的数据时，会级联删除 Albums 表的数据（这里不展开介绍）。

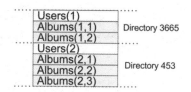

图 8.1　数据模型（此图参考 Spanner 论文[1]）

8.1.2　通用事务

Spanner 支持事务，在一个事务中可以包含对多行数据的多个操作（读操作或者写操作）。Spanner 支持三种事务：**读/写事务(read-write transaction)**、**只读事务(read only transaction)**、**快照读事务 (snapshot read transaction)** 。

Spanner 的读/写事务是包含读操作和写操作的事务，与传统的关系型数据库（如 MySQL）中的事务类似。但与 MySQL 不同的是，Spanner 还有只读事务和快照读事务。只读事务是只包含读操作的事务。快照读事务也是只包含读操作的事务，但与只读事务不同的是，它指定在过去的某个时间点进行读取。再进一步，这两种事务的区别是，只读事务是 Spanner 系统自动选择了最新的时间读取数据，而快照读事务是用户指定一个时间读取数据。在 Spanner Cloud 上，这两种事务被合并成一种事务。

Spanner 没有隔离级别的等级，或者说它只有一种隔离级别，就是 serializable 级别。上面的三种事务都运行在这一级别下。

Spanner 实现只读事务和快照读事务，是为了获取更好的性能，这种优化性能的方式不同于传统数据库的实现方式。拿 MySQL 来对比，在 serializable 隔离级别下，可以防止出现各种异常现象，但是要想获得更好的性能，就要采用 repeatable read（RR）隔离级别（在 MySQL 的 RR 隔离级别下读操作是读取快照，不会妨碍写操作），但在 RR 隔离级别下会出现幻读的异常现象（本书第 13 章会讲解异常现象与隔离级别）。也就是说，传统数据库为了有更好的性能就必须放弃数据的正确性，要平衡性能与数据正确性，则必须在隔离级别之间进行合理的选择。而 Spanner 采用了相反的思路，Spanner 只支持 serializable 隔离级别，在任何情况下都不会丢失数据而破坏正确性。为了获取更好的性能，其内部实现也采用多版本机制，只读事务和快照读事务并不影响读/写事务。在使用 Spanner 时，不用考虑数据正确性的问题，Spanner 不会出现任何异常现象。为了达到更好的性能，你所要做的事情就是合理地利用只读事务和快照读事务。

实现只读事务和快照读事务大大提升了 Spanner 的性能表现。此外，实现快照读事务也让 Spanner 成为时间维度多版本的数据库。也就是说，你可以读取过去某个时间点的数据。

8.2 Spanner 的架构

前面讲到 Spanner 按照 key-value 管理数据，并且存储多版本数据。实际上，Spanner 像下面这样来存储数据：

（key:string, timestamp:int64） -> string

Spanner 的架构如图 8.2 所示。Spanner 会把数据存储到多台服务器上。

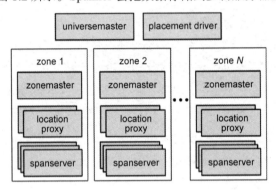

图 8.2　Spanner 的架构（此图参考 Spanner 论文[1]）

Spanner 将一个完整的部署称作**宇宙**（universe），universe 指全球范围部署。一个 universe 会分为多个**区域**（zone），一个数据中心可以对应一个 zone，一个数据中心中也可以有多个 zone，zone 可以随着数据中心的搭建和拆除而动态添加与删除。

一个 universe 中会有一个 universemaster，它是一个单例的管理控制台，用来显示状态信息，便于调试。一个 universe 中还会有一个 placement driver，它负责跨 zone 自动迁移数据，保持数据平衡。

每个 zone 中都有一个 zonemaster、**多个** location proxy 和几百个 spanserver，zonemaster 负责分配数据到 spanserver，spanserver 负责存储数据，location proxy 负责替客户端发现哪些数据保存在哪些 spanserver 上。

8.3　Spanner 的实现

本节我们介绍在这样的架构之下 Spanner 的具体实现。

8.3.1　tablet 与存储

与 BigTable 类似，所有的 key-value 被保存为一个有序的集合，这个集合可以被拆分成多个分片，每个分片都叫作 tablet，每个 spanserver 都负责一定数量的 tablet。在 Spanner Cloud 上，tablet 被称为 split。spanserver 将 tablet 存储在 Google 分布式文件系统 Colossus 中（Colossus 是我们前面讲的 GFS 的后续版本，Colossus 与 GFS 的核心功能相同，在 GFS 基础上进行改进，突破了 GFS 的名字空间的限制，可以保存更多数量的文件，但是单个文件的存储机制是相同的）。每个 tablet 都会保存两类文件：B-Tree 文件和 WAL（write ahead log）文件，如图 8.3 所示。

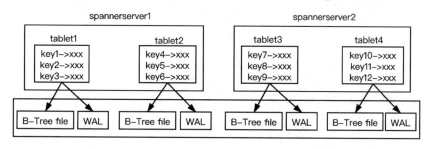

图 8.3　tablet 的存储

8.3.2　复制

Spanner 会通过 Paxos 算法将 tablet 复制到多个 zone 中，如图 8.4 所示。

zone 可以是不同的数据中心，甚至分布在不同的大陆（如美洲和亚洲）上，一般会具有非常高的广域网级别的延迟。为了提高吞吐量（throughput），Spanner 的 Paxos 实现了 pipeline。但这里要注意的是，pipeline 并不能解决高延迟的问题，Spanner 的单个事务的执行时间仍然是广域网级别的时间。如果两个 zone 距离比较远的话，（受光信号或电信号传播速度的限制）执行时间会更长，从几十毫秒到上百毫秒都是可能的。但是 pipeline 可以让 Spanner 在单个事务延迟高的情况下，整体仍然具有非常高的吞吐量，也就是具有非常高的 TPS（transaction per second)。如果应用设计合理(比如尽量减少每次用户请求中调用读/写事务的个数),使用 Spanner 的整体性能仍然能够达到非常好的效果。

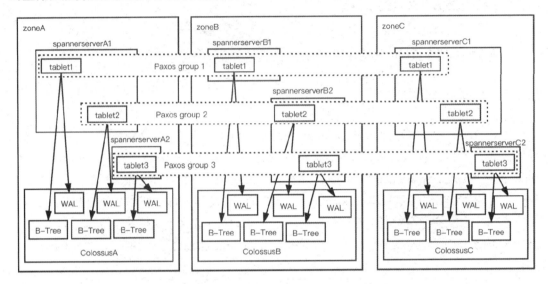

图 8.4　复制

这里需要注意的另外一点是,文件被存储在 Colossus 中,Colossus 会把文件存储为多个副本,保证了 tablet 的高可用和数据可靠存储。在此基础上,Paxos 算法又将 tablet 复制到多个 zone 中,也提高了 tablet 的可用性和数据可靠性。但是在 Spanner 中,Paxos 复制的作用更多的是实现数据跨 zone,让数据可以就近访问。

8.3.3　TrueTime

Spanner 通过名为 TrueTime 的 API 来获取时间。不同于调用系统的时间函数,TrueTime 不会返回一个确定的时间,而是返回一个时间范围,也可以返回一个带有误差的时间。TrueTime 包含三个方法,如图 8.5 所示。

Method	Returns
TT.now()	*TTinterval*: [*earliest, latest*]
TT.after(t)	true if *t* has definitely passed
TT.before(t)	true if *t* has definitely not arrived

图 8.5　TrueTime 包含的方法(此图参考 Spanner 论文[1])

TT.now()方法用来获取当前时间。这个方法返回一个时间范围[earliest, latest]，TrueTime 保证它的实际调用时间落在这个范围内。这个时间范围用 TTinterval 数据类型来表示，earliest 表示这个时间范围的开始，latest 表示这个时间范围的结束。earliest 和 latest 的数据类型都是 TTstamp。

TT.after(t)和 TT.before(t)是 TT.now()的包装函数，传入参数 t 的类型是 TTstamp，判断 t 是否已经绝对**过去**，或者绝对没有**到来**。也就是说：

- TT.after(t) == true 表示 now().latest < t。
- TT.before(t) == true 表示 t < now().earliest。

对 TT.now()方法的两次调用，得到两个时间范围，如果两个时间范围没有重叠，则可以判断出这两次调用的先后关系；否则，无法判断出这两次调用的先后关系。

在实际应用中，在调用 TT.now()得到[earliest, latest]时间范围后，可以使用这个范围内的任意时间作为当前时间。显然，不管如何选择这个时间，都有可能与真实的当前时间不一样，也就是与真实的当前时间之间有一定的误差。即使所有事务在调用 TT.now()获取到时间范围后，都使用 latest 作为事务的时间戳，也不能保证时间戳的先后顺序与调用 TT.now()时的绝对时间顺序相符合。显然，这个误差会影响 Spanner 的正确性，要使用 TrueTime API 就必须处理这个误差（后面的 8.4.2 节将介绍 Spanner 如何处理这个误差）。

8.3.4　事务

前面讲过，Spanner 使用 Paxos 算法将数据复制到多个 zone 中，每个 zone 都是 Paxos group 中的一个副本，其中一个副本被称为 leader，负责接收写入，并将写入复制到其他副本上；其他副本被称为 slave。

同时，Spanner 支持包含多个操作、多个对象（也就是多个行或者多个 key）的事务。这些对象可能分布在多个 tablet 上，跨多个 tablet 的事务采用**两阶段提交**（two phase commit）。依据两阶段提交算法，在执行事务时，在这些 tablet 中有一个 tablet 被称为**协调者**（coordinator），其他的 tablet 被称为**参与者**（participant）。承担 coordinator 角色的 tablet 的 leader 被称为 coordinator leader，而 slave 被称为 coordinator slave。同样，承担 participant 角色的 tablet 的 leader 被称为 participant leader，而 slave 被称为 participant slave。这些事务中的角色关系如图 8.6 所示。

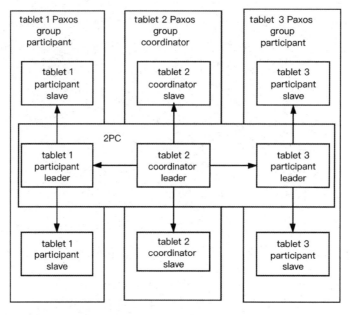

图 8.6 事务中的角色关系

Spanner 同时采用了锁（locking）和多版本并发控制（MVCC，Multi Version Concurrent Control）两种并发控制机制。

- 每个数据都会被保存为多个版本，写操作是为数据添加一个新的版本。数据的每个版本都具有时间戳，每个时间戳都可以形成一个快照（snapshot）。
- 在读/写事务中，对要操作的数据的当前版本分别加读锁和写锁。加锁的策略是使用**两阶段锁**（two phase locking）。

只读事务不是仅仅包含读操作的读/写事务。与读/写事务操作数据的当前版本不同，只读事务和快照读事务都是从历史版本中读取的，即相当于从某个时间点的 snapshot 中读取；其不同之处在于，只读事务是从最新的 snapshot 中读取的，而快照读事务是从用户指定的一个时间点的 snapshot 中读取的。所以，只读事务和快照读事务不会妨碍读/写事务的执行。

下面通过事务的具体执行过程，来看看两种并发控制机制的实现细节。

1. 涉及多个 tablet 的读/写事务的执行过程

事务可以包含多个操作，涉及多个数据，这些数据可能被保存在多个 tablet 上。如果一个读/写事务涉及多个 tablet，那么这个读/写事务的执行过程如下：

（1）客户端开始一个新事务，即调用客户端的 begin() 方法。

（2）客户端给需要读取的 tablet 的 leader 发送读请求。

（3）tablet 的 leader 接收到读请求后，给要读取的数据加读锁。

（4）如果 tablet 的 leader 加锁成功，则读取数据，返回给客户端。

（5）客户端接收到返回信息，执行事务中的计算，准备好所有要修改的内容。

（6）客户端调用 commit() 方法，从所有要修改的 tablet 中选出一个作为 coordinator，其他的作为 participant，给所有 tablet 的 leader 发送 COMMIT 请求（这里需要注意的是，这是客户端的 COMMIT 请求，但也是两阶段提交的 PREPARE 请求），请求中包含对应的修改，其中发送给 coordinator leader 的请求中包含了一个标识，这个标识指明 coordinator 的身份。

（7）这个步骤是两阶段提交的第一阶段（在这个步骤中，所有的 participant 都会获取锁），过程如下：

注：在下面的流程中，用（P.L）这样的标注强调这个步骤的执行者，便于对流程的整体理解。P.L 代表 participant leader，P.S 代表 participant slave，C.L 代表 coordinator leader，C.S 代表 coordinator slave。此方法模仿了 Zab 的论文，在第 12 章中介绍 Zab 算法时也使用了该方法。

① （P.L）所有 participant leader 都会获取锁（两阶段锁的锁增长阶段）。

② （P.L）participant leader 在获取到锁后，生成一个时间戳作为 prepare timestamp，这个时间戳要大于 participant leader 之前所有事务的时间戳。

③ 通过 Paxos 将 prepare record（其中包括获得了哪些锁和 prepare timestamp）复制到所有 participant slave 上，即执行下面的过程（这是 Paxos 算法过程，可以参看第 10 章来理解）：

a.（P.L）participant leader 将 prepare record 通知给 participant slave（Paxos 算法消息）。

b.（P.S）participant slave 收到 participant leader 的通知，将 participant leader 的 prepare record 记录到持久化存储中，回复 participant leader。

c.（P.L）participant leader 收到大多数 participant slave 的回复后，通知 coordinator leader 获取锁成功（相当于两阶段提交的 ACK 请求）。

（8）这个步骤是两阶段提交的第二阶段（在这个步骤中，coordinator 通知所有的 participant 提交事务），过程如下：

① （C.L）coordinator leader 获取锁（两阶段锁的锁增长阶段）。

② （C.L）收到所有 participant leader 的通知后，coordinator leader 生成一个时间戳（称为 s）作为 commit timestamp。s 必须满足下面的条件（这里并不是选择当前时间作为时间戳，即 TT.now() 返回的时间范围内的时间，而是选择了一个未来时间作为时间戳）：

- 大于所有 prepare timestamp。
- 调用一次 TT.now()，要满足 s > TT.now().latest。
- 大于 coordinator leader 之前所有事务的时间戳。

③ 通过 Paxos 将 commit record（其中包括获得了哪些锁和 commit timestamp）复制到所有 coordinator slave 上，即执行下面的过程（这是 Paxos 算法过程，可以参看第 10 章来理解）：

a.（C.L）coordinator leader 将 commit record 通知给 coordinator slave（Paxos 算法消息）。

b.（C.S）coordinator slave 收到 commit record，将其持久化存储，回复 coordinator leader。

c.（C.L）coordinator leader 收到大多数 coordinator slave 的回复后，确认 s 已经成为过去时间，即如果 TT.after(s) == false 则等待，一直等到 TT.after(s) == true 后（这个等待的行为被称为 commit wait，并且等待实际上从 commit timestamp 生成时就开始了，后面的 8.4.2 节会进一步讲解 commit wait），开始并行执行下面的操作：

- 回复客户端成功（客户端消息）。
- 通知所有的 participant leader（两阶段提交协议消息，相当于两阶段提交的 COMMIT 消息）。
- 通知所有的 coordinator slave 应用事务（Paxos 算法消息）。
- 应用事务，之后释放锁（两阶段锁的锁收缩阶段）。

d.（C.S）coordinator slave 收到 coordinator leader 的通知，应用事务。

④ participant leader 收到 coordinator leader 的通知后，通过 Poxas 算法将事务已提交这个结果复制到所有 participant slave 上，即执行下面的过程（这是 Paxos 算法过程，可以参看第 10 章来理解）：

a.（P.L）participant leader 向所有的 participant slave 通知事务已提交（Paxos 算法消息）。

b.（P.S）participant slave 收到 participant leader 的通知，将其持久化存储，回复 participant leader（Paxos 算法消息）。

c.（P.L）participant leader 收到大多数 participant slave 的回复后，开始并行执行下面的操作：

- 通知所有的 participant slave 应用事务（Paxos 算法消息）。

- 应用事务，之后释放锁（两阶段锁的锁收缩阶段）。

d.（P.S）participant slave 收到 participant leader 的通知后，应用事务。

2. 只涉及一个 tablet 的读/写事务的执行过程

如果一个读/写事务只涉及一个 tablet，则不需要两阶段提交，Spanner 对这种事务的执行过程进行了简化，整个过程相对简单（后面的 8.3.5 节会讲解 Spanner 如何结合单个 tablet 事务和目录两个特性来提升性能）。这个读/写事务的执行过程如下：

注：在下面的流程中，用（L）这样的标注强调这个步骤的执行者。L 代表 leader，S 代表 slave。

（1）客户端发送 COMMIT 请求到 tablet 的 leader。

（2）（L）leader 为要操作的数据加写锁。

（3）（L）leader 生成一个时间戳（称为 s）。s 要满足下面的条件：

- 大于 TT.now().latest。
- 大于所有之前事务的时间戳。

（4）（L）leader 通过 Paxos 将事务和时间戳通知 slave。

（5）（S）slave 收到 leader 的事务和时间戳的通知，将事务和时间戳记录到持久化存储中。

（6）（L）leader 收到大多数 slave 的回复后，如果 TT.after(s) == false 则等待，一直等到 TT.after(s) == true 后，开始并行执行下面的操作：

- 回复客户端事务已提交。
- 通知 slave 应用事务。
- 应用事务到本地，并且解锁。

（7）（S）slave 收到 leader 的应用事务的通知，将事务应用到本地。

3. 快照读事务的执行过程

快照读事务会先判断要读取事务中的哪些 tablet，可以将事务中的读操作发给这些 tablet 的任意一个副本来执行。如果要在某个副本上执行一个要读取时间点 t 快照的操作，那么这个副本要满足下面的条件：

```
t <= t_safe
```

其中，t_safe 是每个副本都会维护的一个时间点，记录上次 Paxos 成功写入的时间和上次事务成功执行的时间。

如果不满足上面的条件，则需要等到上面的条件满足后才能执行。

4．只读事务的执行过程

对于只读事务，Spanner 需要为事务选定一个时间 s_read，然后按照这个时间来执行上面所讲的快照读事务的过程。

Spanner 通过最简单的方式来选定 s_read，即使用 TT.now().latest。如果事务只需要从一个 tablet 上读取，为了减少等待时间，则会做一些优化——事务会被发送给 leader 执行，leader 会选择上次成功写入的时间作为 s_read。

8.3.5　目录

前面 8.1.1 节和 8.3.4 节分别讲解了 Spanner 在存储数据上的层级设计，以及对只涉及单个 tablet 的读/写事务和只读事务的优化设计，这两种设计都是为了让 Spanner 获得更好的性能表现。

Spanner 的这种性能优化基于这样一个假设：在实际的应用开发中，有关联的表往往会被组织在一个事务中，一起被更新或者一起被查询，通过层级式的数据存储，将这些表交织在一起，往往会让多个表中有关联的数据落在一个 tablet 中，那么事务只涉及一个 tablet，就可以享受到单个 tablet 事务带来的性能提升。

在 Spanner 中有一个**目录**（directory）的概念。一个 tablet 中保存的数据可以被分为多个目录，一个目录中的所有 key 都具有相同的**前缀**（prefix）。对于交织在一起的多个表，父表中的一行数据带上多个子表中的数据往往形成了一个目录。

8.3.6　Paxos 的作用

上面介绍过 Spanner 通过 Paxos 算法将数据复制到多个副本上，但 Paxos 的作用不仅仅是提供复制功能，它还保证了两阶段提交在 Spanner 中的应用。在两阶段提交中，如果参与的任何一个角色（包括 participant 和 coordinator）发生宕机，事务都不能成功，而且也不能回滚，只能等待这个角色恢复，再继续事务的执行。将 Paxos 和两阶段提交组合在一起，可以很好地缓解这个问题。Paxos 让两阶段提交的每个角色都有多个副本，少数节点出现故障宕机，并不会影响两阶段提交协议的继续运行，即便某个角色的 leader 出现宕机，但因为加锁信息已经通过 Paxos 协议复制到其他副本上，其他副本被选为 leader 后，也可以根据加锁信息对数据重新加锁，继续承担两阶段提交的角色。

8.4　TrueTime 的作用

TrueTime 在 Spanner 中起着至关重要的作用，本节就将详细介绍 TrueTime 的作用。

8.4.1　Spanner 的外部一致性

Spanner 支持 serializable 隔离级别，但实际上 Spanner 提供了比 serializable 更严格的一致性，那就是外部一致性。外部一致性与 serializable 的比较，以及与其他一致性模型的比较，将在第 16 章中介绍。

Spanner 对外部一致性的定义[2]如下：

对于任意两个事务 T1 和 T2（即使这两个事务分别在地球的两侧），如果事务 T2 在事务 T1 完成提交之后开始提交，那么事务 T2 的时间戳一定大于事务 T1 的时间戳。

这里需要注意的是，任意两个事务覆盖所有的场景，当然也包括下面两个特殊的场景：

- 两个没有交集的读/写事务，也满足外部一致性。
- 只读事务和快照读事务，也满足外部一致性。

为了达到外部一致性，需要为事务赋予一个时间戳，但是通过简单调用系统时间函数来生成时间戳在分布式条件下是不能满足要求的，因为在分布式环境下，各台机器的时间不是完全同步的，有的机器的时钟快一些，有的机器的时钟慢一些。一个全局的时钟对保证外部一致性起着至关重要的作用。

虽然通过一个全局授时服务可以解决这个问题，但是显然全局授时服务是一个集中式的方案。Spanner 并没有采用这种方式来解决，而是采用了 TrueTime，TrueTime 是纯粹的分布式方案。

> **趣　事**
>
> 2010 年，Google 公司发表了内部 Percolator 系统是如何在 BigTable 的基础之上添加事务功能的论文[2]。Percolator 架构设计采用了全局授时服务，在论文中，这个授时服务被称为 timestamp oracle（简称 TO，或者 TSO），这里的 oracle 并不是 Oracle 公司的 Oracle 数据库，而是表示神谕的意思（神谕是 oracle 的本意，而甲骨文是意译），用来形容这个授时服务发出的时间仿佛就像神下达的旨意一样。ZooKeeper 的作者 Flavio Junqueira 等人在 2011 年发表了一篇论文[3]，论述了一种分布式事务的实现方式，文中采用的全局授时服务也被称为 timestamp oracle。随后的 2013 年，Flavio Junqueira 当时就职的 Yahoo 公司开源了分布式事务框架 Omid，其也采用了 timestamp oracle 全局授时服务。从此以后，很多分布式系统架构设计在采用全局授时服务时，都使用了 oracle 这个词。

8.4.2　TrueTime 生成事务时间戳

调用系统时间函数，会导致实际先执行的事务被分配了较大的时间戳，而实际后执行的事务被分配了较小的时间戳，从而不能保证外部一致性。前面讲过，TrueTime 是存在误差的，使用 TrueTime 必须要适应这种误差。Spanner 采用 commit wait 方式来适应这种误差。

事务启动后，Spanner 会为这个事务选择一个时间戳，对合理的事务时间戳只有一个要求——它一定大于事务实际开始的时间，小于事务实际结束的时间：

```
t_start < s < t_end
```

Spanner 设定了下面两个原则来满足上面的条件：

- 选择事务时间戳时，时间戳要大于 TT.now().latest。
- 直到 TT.after(s) == true 后，才提交应用事务。

接下来举例说明如何生成时间戳，以及如何通过 commit wait 来适应 TrueTime 的误差。

如图 8.7 所示，图中向右带箭头的横线表示时间的流逝，横条表示一个事务，其灰色部分表示事务的实际执行过程，白色部分表示提交完成前的等待，也就是 commit wait。

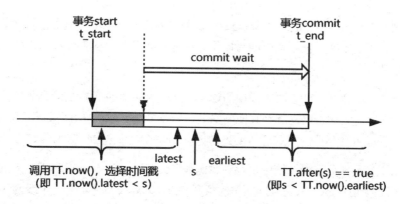

图 8.7　适应 TrueTime 的误差

图 8.7 中的事务在 t_start 这个时间点启动，在事务启动之后，调用 now() 方法，可知 t_start 一定小于 now() 的实际调用时间。根据 TrueTime 的特性可知，now() 的实际调用时间一定小于 now().latest。Spanner 选择一个时间戳，让这个时间戳大于 now().latest，从而可以得到：

```
t_start < now() < now().latest < s
```

在选定 s 之后，Spanner 会调用 TT.after(s)，在 TT.after(s) 返回 true 之后提交事务。TT.after(s) == true 意味着 s 小于 now().earliest（这里第二次调用 now()，TT.after(s) 是 now() 的包装函数，不是前面的那次调用了），而 now() 的实际调用时间一定大于 now().earliest，小于 t_end，从而可以得到：

```
s < now().earliest < now() < t_end
```

结合这两个过程，我们可以得到：

```
t_start < s < t_end
```

简单来说，选择未来的时间戳，这个时间一定大于事务的开始时间，并且通过等待足够长的时间，使这个未来的时间戳成为过去时间，从而小于事务的提交时间。

commit wait 会导致事务需要更长的时间才能结束。前面 8.3.4 节讲过这部分多出来的等待时间，实际上和 Paxos 协议的执行时间是重叠的，所以并不是空等待。

8.4.3　TrueTime 管理 leader 租约

当某个 tablet 的 leader 与其他副本发生网络分区时，事务 T1 在这个 leader 上发起读操作，在网络分区的另一侧重新选出一个 leader，事务 T2 在新的 leader 上发起写操作。通过 8.3.4 节介绍的 Spanner 读/写事务的执行过程可以知道，读锁只发生在 leader 上，不会通过 Paxos 算法复制到其他副本上。这种做法会大大降低读/写事务中的读操作成本，但也带来一个问题：当发生网络分区时，不能阻塞其他副本上的写操作。在这种情况下，事务 T1 会读取到旧数据，这违反了外部一致性。

为了达到外部一致性，基于两阶段锁的读/写事务，需要将读锁也复制到其他副本上，当发生网络分区时，因为无法将锁复制到其他副本上，事务 T1 会失败，从而保证了 Spanner 的外部一致性。但是未发生网络分区时，读锁也要被复制到其他副本上，这加大了开销，会大大降低性能。

类似的情况在其他分布式系统中也存在，例如 ZooKeeper、MongoDB 等。ZooKeeper 的读操作是不会走 Zab 协议的，因此从读操作的角度来讲，ZooKeeper 不是一个线性一致性的系统（关于 ZooKeeper 的一致性分析在 15.4 节中会进行详细讲解）。为了让 ZooKeeper 的读操作也达到线性一致，需要加上 sync 操作，强制为读操作进行一个 Zab 复制。同样，MongoDB 为了达到线性一致性，需要为读操作加上一个空写操作，强制复制到副本上（关于 MongoDB 的线性读在 5.4.7 节中讲过）。总之，多副本的分布式系统要达到线性一致性，读操作需要和写操作一样与其他副本交互才行。

Barbara Liskov 在 1991 发表的 "Practical uses of synchronized clocks in distributed systems" [4]论文的第 7 节中，给出了一种采用同步时钟（synchronized clock）来降低读操作成本的方法。同步时钟是一种在所有机器上都完全同步（也就是时钟完全一致）的时钟，但是现实中是不存在这种时钟的，所以 Liskov 的方法不是一个实际可用的方法。顺便说一下，这里的 Liskov 就是设计原则中"Liskov 替换原则"的 Liskov。

虽然 Liskov 的方法不是一个实际可用的方法，但却是一个非常有借鉴意义的方法。具体来说，Liskov 的方法是这样的，在像 Spanner 这样的采用复制策略、**首要备份模式(primary-backup scheme)** 的系统中，primary 角色通过**租约（lease）**来维护自己的 primary 地位。backup 角色发送给 primary 每一个消息时，都会发送一个租约，如果 primary 持有从大多数 backup 发来的租约，那么它就可以单方面进行读操作，而不用联系其他副本。如果发生网络分区，那么新选出来的 primary 在所有旧的 primary 的租约过期之前是不能处理任何客户端请求的，从而保证了在发生网络分区的情况下也不会有陈旧读。12.2.1 节会介绍首要备份模式，以及其他两种架构模式。

相比于每次读操作都要联系其他副本的方式，采用租约方式存在的问题是，在发生网络分区时和旧租约到期前，新的 primary 和旧的 primary 都是不能处理客户端请求的。也就是说，服务处于不可用状态，时效性差，但是却大大提高了读的性能。

Spanner 采用了 Liskov 的方法来避免读操作时联系其他副本的开销。Spanner 的租约实现与

Liskov 的方法的一个不同之处在于，Spanner 使用 TrueTime 来代替同步时钟。当然，Spanner 必须适应 TrueTime 的误差。可以看出，与 commit wait 过程类似，Spanner 的读操作过程也采用等待方式来保证每个 leader 的租约范围不会相互重叠。它们的另一个不同之处在于，Spanner 采用长租约，默认是 10s。长租约会让服务不可用变得更加明显。但是按照 Eric Brewer 在论文 "Spanner, TrueTime and the CAP Theorem" [5]中所讲的，在 Google 的数据中心，非计划的故障是很少发生的，所以长租约是合理的。Spanner 采用 Liskov 的方法，也许并非偶然，Spanner 的两个设计者都是 Liskov 的学生。

8.4.4　TrueTime 作用的总结

TrueTime 让 Spanner 在非常高的性能下（读操作不需要联系其他副本）达到外部一致性（包括 non-locking 的快照读），并且不依赖集中式的授时服务。

虽然 Spanner 的读/写事务不需要进行复制读，但是仍然有两阶段锁、复制写、两阶段提交，所以读/写事务的性能表现不是强项。Spanner 的性能强项在于只读事务和快照读事务是保持外部一致性的 non-locking 的读取，所以 Spanner 更适合读多写少的场景。

参考文献

[1] Corbett JC, Dean J, Epstein M, et al. Spanner: Google's Globally-Distributed Database. Operating Systems Design and Implementation, 2012.

[2] Peng D, Dabek F, Inc G. Large-scale Incremental Processing Using Distributed Transactions and Notifications. OSDI'10: Proceedings of the 9th USENIX conference on Operating systems design and implementation, 2010.

[3] Gómez D, Flavio F, Benjamin J, et al. Lock-free Transactional Support for Distributed Data Stores. IEEE 30th International Conference on Data Engineering, 2014.

[4] Liskov B. Practical uses of synchronized clocks in distributed systems[J]. Distributed Computing, PODC '91: Proceedings of the tenth annual ACM symposium on Principles of distributed computing, 1991.

[5] Brewer E. Spanner, TrueTime and the CAP Theorem. http://storage.googleapis.com/pub-tools-public-publication-data/pdf/45855.pdf, 2017.

第 9 章
分布式数据库 CockroachDB

CockroachDB 是一个开源的分布式 SQL 数据库项目，由 Spencer Kimball 发起，并成立了 Cockroach Labs 公司运营这个开源项目，将其商业化。CockroachDB 的设计来源于 Google 的 Spanner。Spencer Kimball 也曾经就职于 Google 公司。

9.1　CockroachDB 的接口和数据模型

用户可以使用 SQL 访问 CockroachDB，CockroachDB 采用了 PostgreSQL 数据库的 SQL 语言。

与常见的传统关系型数据库一样，CockroachDB 以表（table）为核心，表中包含行（row）和列（column）。列分为主键列（primary key column）和非主键列（non-primary key column）。

CockroachDB 支持读/写事务，按照 ANSI SQL 的定义，CockroachDB 的隔离级别是 serializable。实际上，与 Spanner 一样，CockroachDB 支持比 serializable 更强的一致性，本节后面会详细讲解 CockroachDB 是如何一步步提高自己的一致性的。但是与 Spanner 的外部一致性相比，CockroachDB 的一致性仍然要弱一些。

CockroachDB 将一个表中的数据存储成一个**有序的映射**（ordered map），在这个有序的映射中，将表中的每一行数据都存储成从主键列到非主键列的映射：

```
{primary key column} -> {non-primary key column}
```

其中，{primary key column}表示所有主键列的组合，{non-primary key column}表示所有非主键列的组合。这个有序的映射按照{primary key column}排序。

{primary key column}也被称为**键（key）**，{non-primary key column}也被称为**值（value）**，所以这个有序的映射也可以被看成是从 key 到 value 的映射：

```
key -> value
```

CockroachDB 会将数据存储在多个机器节点上，所有这些机器节点形成了**集群（cluster）**。所有的 key 形成了一个有序的 **key space**。key space 会被分成多片，每个分片都被称为一个 **range**，每个 range 中的数据都会保存多份，每一份都被称为一个**副本（replica）**。

上面讲解的数据在集群中的存储，即 CockroachDB 数据分区如图 9.1 所示。

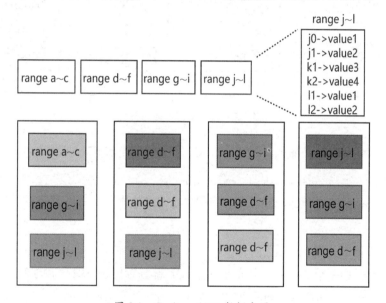

图 9.1　CockroachDB 数据分区

9.2　CockroachDB 的架构

CockroachDB 的架构如图 9.2 所示。

CockroachDB 集群中所有的节点都是相同的，没有存储元数据的特殊节点（后面的 9.3 节会讲解 CockroachDB 的元数据是如何存储的）。

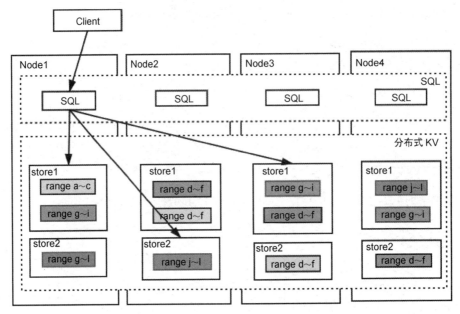

图 9.2　CockroachDB 的架构

从逻辑上讲，每个节点都包含两部分：SQL 部分和分布式 KV（distributed KV）部分。

每个节点的 SQL 部分共同组成了一个逻辑的 SQL 层，这个逻辑层把基于 SQL 的关系型数据模型转换成 key-value 的数据模型。这一部分的实现与本书的主题不直接相关，因此就不展开介绍了。

每个节点上都会有多个 store，所有这些 store 共同组成了一个逻辑的分布式 KV 层。客户端会将请求发送给其中一个节点，这个节点上的 SQL 部分解析客户端发来的 SQL 命令，转换成 KV 命令发送给 store，如果这个 SQL 命令涉及多个 store，则会转换成多个 KV 命令，发送给不同的 store。最后，SQL 层从 store 接收到结果后，组装成 SQL 的结果集合返回给客户端。

9.3　元数据存储的实现

key space 中存储的数据被称为**用户数据**（user data）。SQL 层需要知道这些用户数据的位置，即哪个 range 存储在哪个 store 里，这些 range 的位置信息就是集群的**元数据**（meta data）。

CockroachBD 没有使用独立的组件来存储元数据，它将元数据也保存在 key space 中，即通过特定 key 的前缀将这些元数据保存在 key space 的开头部分。元数据分为两级，其中一级元数据被称为 meta1，meta1 被存储在唯一的一个 range 里，并且只存储在这个 range 里，meta1 中存储的是所有二级元数据的位置信息；二级元数据被称为 meta2，meta2 中存储的是所有用户数据的位置信息。

例如，元数据大概如下面这个样子（参考社区文档[1]）：

meta1
```
# Points to meta2 range for keys [A-M)
meta1/M -> node1:26257, node2:26257, node3:26257

# Points to meta2 range for keys [M-Z]
meta1/maxKey -> node4:26257, node5:26257, node6:26257
```

meta2 [A-M)
```
# Contains [A-G)
meta2/G -> node1:26257, node2:26257, node3:26257

# Contains [G-M)
meta2/M -> node1:26257, node2:26257, node3:26257
```

meta2 [M-Z]
```
#Contains [M-Z)
meta2/Z -> node4:26257, node5:26257, node6:26257

#Contains [Z-maxKey)
meta2/maxKey-> node4:26257, node5:26257, node6:26257
```

在这个例子中，假设需要寻找 ABCD 数据，步骤如下：

（1）meta1 中存储了两个 key，其中分别存储了两个 meta2 的 range 的位置信息（三个 store 的位置）。通过第一个 key，我们可以找到第一个 meta2 的 range，meta1/M 表示这个 key 中的信息记录了[A-M)部分 key space 的 meta2 的信息。

（2）第一个 meta2 的 range 里也存储了两个 key，其中分别存储了两个用户数据的 range 的位置信息。通过第一个 key，我们可以找到第一个用户数据的 range，meta2/G 表示这个 key 中的信息记录了[A-G)部分 key space 的用户数据的 range 的信息。

（3）第一个用户数据的 range 里包含从 key A 到 key G 的数据，从这个 range 中我们可以找到 ABCD 数据。

依此类推，我们可以找到其他数据。并且可以看出，只要知道 meta1 的位置，就可以找到集群中存储的所有数据。

meta1 的位置信息通过 Gossip 协议获取。每个 range 都有一个**描述符**（descriptor），这个描述符包含该 range 的基本信息，即 rangeid、该 range 包含 key space 的哪部分（比如包含 key space 中的[A-G]部分）、该 range 的位置信息这三部分。

集群中的每个节点都会定期通过 Gossip 协议将自己负责的所有 range 的描述符传播给其他节点。节点通过 Gossip 协议得到 meta1 的位置信息之后，会通过元数据来定位用户数据，而不会使用通过 Gossip 协议传播的描述符来定位用户数据。

9.4 多副本存储的实现

CockroachDB 会将一个 range 存储在多个 store 上，也就是多副本存储。副本的复制过程采用 Raft 算法，Raft 算法会在第 11 章中讲解。一个 range 的所有副本组成一个 raft group，Raft 算法要求其中一个副本是 leader，这个副本被称为 **raft leader**，其他的副本被称为 **raft follower**。

对 range 的读请求和写请求需要发送给 raft leader 来处理，其中写请求走完整的 Raft 算法来完成，保证数据被写入多个副本中；从性能的角度考虑，读请求不走 Raft 算法。

CockroachDB 通过**租约**（lease）机制控制只有一个副本能够服务于读/写请求，拥有租约的副本被称为 leaseholder。leaseholder 收到请求后会发送给 raft leader 来处理。leaseholder 和 raft leader 不一定是同一个副本，但 CockroachDB 会尽量让 leaseholder 和 raft leader 是同一个副本。

只有上一个租约结束后，新的租约才能处理读/写请求。比如上一个租约在 10ms 时结束，那么在 10ms 前不会有其他副本发起下一个租约，在 10ms 后才会发起下一个租约。但是我们知道，在分布式环境中，不同机器的时钟不是完全一样的，不同机器之间的时钟是有差异的，这种现象被称为**时钟偏斜**（clock skew）。CockroachDB 并未采用类似于 TrueTime 这样的分布式时钟 API（见第 8 章），而是采用了本地系统时钟，即采用 NTP 来同步节点的本地时钟。CockroachDB 通过节点间的时钟同步算法和 NTP，能够做到集群中的任意两个节点间的时钟误差不超过 250ms。

　　为了适应这种 250ms 的差异，leaseholder 在租约开始到租约结束的时间减去最大误差时间内可以服务于读/写请求，其他副本要在租约结束之后才能成为新的 leaseholder，如图 9.3 所示。

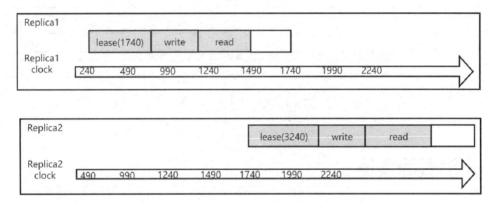

图 9.3　租约

　　CockroachDB 使用一个较长的时间作为过期时间，一般是 10s。为了方便阐述，在图 9.3 中，我们将过期时间设为 1500ms。图中有两个节点，在这两个节点上分别运行着某个 range 的两个副本，即 Replica1 和 Replica2，这两个副本的本地时钟相差 250ms，也就是 Replica1 的时钟比 Replica2 的时钟慢了 250ms。Replica1 在本地时钟 240ms 时获取到了租约，租约到期时间是 1740ms，在图中用 lease(1740) 来表示这个租约。由于未收到其他副本的心跳，Replica1 不能继续续约，这个租约在 1740ms 时会结束，但是 Replica1 在 1490ms（即 1740ms－250ms）后就不再处理任何读/写请求了。因为 Replica2 未收到 Replica1 的心跳，所以会在 1740ms（Replica2 自己的本地时钟）时开始一个新的租约处理读/写请求。可以看到，通过这种方式，即便两个节点间有时钟误差，也仍然可以保证在任意时间点只有一个副本能处理读/写请求。

　　虽然这种处理方式解决了时钟误差的问题，但是带来了另外的问题。如图 9.4 所示，如果两个节点间的时钟没有误差，那么新旧两个租约交替时，会有 250ms 的时间两个副本都不能处理读/写请求。

　　leaseholder 将读请求发送给 raft leader，raft leader 一定具有最新的数据。减去最大时钟误差，保证旧的 leaseholder 在新的 leaseholder 开始服务于写请求后就不会再服务于任何读请求了，所以旧的 leaseholder 就不会读取到旧数据，对单个 key 的读/写达到线性一致性（第 15 章将详细介绍线性一致性）。

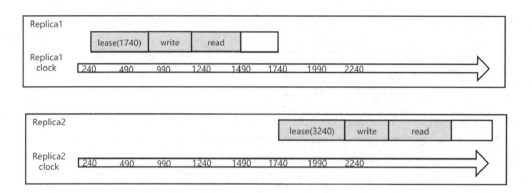

图 9.4　无时钟误差的租约

9.5　事务的实现

本节我们讲解 CockroachDB 事务的实现。CockroachDB 支持 ACID 的事务（关于 ACID 可以参看第 13 章的讲解）。CockroachDB 的事务可以包含多个操作，这些操作可以读取和写入任意多个 key，这些 key 可以在同一个 range 里，也可以在不同的 range 里，这些 range 也可以在不同的节点上，这就是**分布式事务**。

接下来，我们先介绍单个事务的执行，也就是系统中只有一个事务在执行。显然只执行一个事务不是一个实际的场景，我们会逐步逼近真实的 CockroachDB，讲完单个事务的执行后，会讲解多个事务串行执行，最后会讲解事务是如何并发执行的。

9.5.1　单个事务的执行

CockroachDB 的单个事务使用两阶段提交来保证**原子提交（atomic commit）**，也就是说，在失败的情况下，事务中的所有操作要么全部成功，要么全部失败。

CockroachDB 的一个事务的执行分为 5 个步骤。

（1）建立**事务记录（transaction record）**（对应两阶段提交的 prepare 阶段）。

在这个事务涉及的所有 key 所在的 data store 中，选出一个 data store，在这个 data store 中建立一个 transaction record，将这个 transaction record 存储在一个 key 中，而 value 中包含下面的字段：

- 唯一的事务 id。
- 事务状态，即 PENDING, ABORTED, COMMITTED 三种状态之一。

将 transaction record 存储在一个 key 中，这一点是保证事务原子性的关键。

在建立了 transaction record 之后，就可以开始执行事务中的读/写操作了。

（2）执行写操作（对应两阶段提交的 prepare 阶段）。

如果事务要修改某个 key（或者创建某个 key），则会使用**写入意图**（write intent）的方式进行写入。我们将这种方式简称为 intent。接下来举例说明 intent。假设某个 key 的 value 是一个数字（当然，CockroackDB 实际的 value 要比一个数字复杂，一般是一个复杂的结构，因为要支持关系模型的表，这里简化成一个数字，不影响说明 intent 这个概念），初始值是 4，一个事务要把这个 value 改成 5，CockroachDB 不会把原始的值覆盖成 5，而是会把原始的值变成一个 intent 结构，这个结构包括原始的值 4 和要修改成的值 5，还包括这个事务的 transaction record 的 key。这个额外的 key 相当于指向 transaction record 的指针。相对于 intent，原始的值被称为 plain value。intent 中的新值被称为 **staged value**。

（3）执行读操作（对应两阶段提交的 prepare 阶段）。

执行读操作，直接读取 plain value。

（4）提交/取消事务（对应两阶段提交的 commit 阶段）。

当执行完事务中的所有读/写操作后，就可以提交事务了，或者客户端选择取消事务。

- 如果是提交事务，则 CockroachDB 将 transaction record 的状态改为 COMMITTED，之后就可以给客户端返回事务完成。
- 如果是取消事务，则 CockroachDB 将 transaction record 的状态改为 ABORTED，之后给客户端返回事务完成。

（5）异步清除 intent。

- 如果事务状态是 ABORTED，则清除这个事务添加的所有 intent，也就是保持原始的值不变。
- 如果事务状态是 COMMITTED，则将 intent 中的 staged value 转换成 plain value，也就是 intent 被清除。

通过上面的步骤，可以保证事务是原子的，从而保证事务的一致性。也就是说，如果数据库在事务执行前处于一致状态，那么当执行完这个事务（包括清除 intent 的步骤执行完）后，数据库仍然处于一致状态，保证了数据库的一致性。

9.5.2　多个事务串行执行

前面介绍了单个事务的执行，但只执行一个事务的数据库是没有实际意义的，现在介绍多个事务的执行，先讲解在某一时刻，只有一个事务在执行的情况，也就是假设只有一个客户端连接到数据库，并且客户端在确定前一个事务完成之后才开始执行后一个事务，即保证数据库中的事务是绝对**串行执行**（serial execution）的。

从前面介绍的单个事务的执行过程可以看到，如果串行执行多个事务，那么前一个事务的"清除 intent"的阶段会与后一个事务重合，后一个事务会遇到前一个事务还没有清除完 intent 的情况。也就是说，后一个事务在执行读/写操作时需要应对这些遗留的 intent。应对遗留的 intent 有两种方式，第一种方式是等前一个事务清除 intent 后再执行；第二种方式是帮助前一个事务清除 intent。CockroachDB 采用了第二种方式，这种方式能够加快 intent 的清除速度，但会导致前后两个事务并发地清除 intent。采用第二种方式，还可以解决前一个事务出现故障后，遗留的intent 没有被清除的问题。

第二种方式也会带来一个问题，就是会有两个事务同时清除 intent（在后面讲解并发事务处理时，就变成了多个事务同时清除 intent，但是其处理方式和这里讲的没有区别，后面就不进行特别说明了）。我们需要注意的是，清除 intent 相当于用 staged value 覆盖 intent 结构，这个动作是可以被多个事务多次执行的。如果前一个事务执行了清除，后一个事务再次执行，则不会有任何效果，也可以说清除 intent 的操作是幂等的。

与单个事务的执行过程不同，这里讲的是在同一时刻只有一个事务在执行，事务执行读操作时除了会遇到 plain value，还可能会遇到 intent。因此，我们需要修改单个事务执行的第 2 步和第 3 步。

对于第 2 步——执行写操作：

当事务执行写操作时，发现这个 key 是一个 plain value，这个写操作将把 plain value 变成intent，我们称这种情况为 writer 遇到 plain value。

当事务执行写操作时，发现要操作的 key 是一个 intent，我们称这种情况为 writer 遇到 intent。因为在同一时刻只能有一个事务在执行，这个 intent 一定是前面完成的事务遗留下来的（或者是没有成功的事务留下来的，事务超时，客户端宕机导致事务中断），当前事务根据 intent 中的信息查询前一个事务的 transaction record，并根据前一个事务的不同状态执行下面的步骤：

① 如果状态是 PENDING，则将状态变为 ABORTED。

② 如果状态是 COMMITTED 或者 ABORTED（包括步骤①中改变的 ABORTED），则清除 intent。

③ 添加新的 intent。

对于第 3 步——执行读操作：

当事务执行读操作时，发现要读取的 key 是一个 plain value，其处理方式与前面介绍的相同，直接读取即可。类似地，我们称这种情况为 reader 遇到 plain value。

当事务执行读操作时，发现要读取的 key 是一个 intent，我们称这种情况为 reader 遇到 intent。根据 intent 中的 transaction record 的 key 读取前一个事务的 transaction record，并根据前一个事务的状态执行下面的步骤：

① 如果状态是 PENDING，则将状态变为 ABORTED。

② 如果事务状态是 COMMITTED，则读取 intent 中的值，并删除 transaction record 的 key，让 intent 变成 plain value。

③ 如果事务状态是 ABORTED（包括步骤①中改变的 ABORTED），则清除 intent，返回 plain value。

上面对第 2 步和第 3 步的修改，总结起来，就是在事务执行过程中加入对 intent 的处理，当遇到 intent 时额外查询一次 intent 对应事务的状态，如果事务状态是 COMMITTED，则将这个 intent 当成 plain value 对待。因为 transaction record 是存储在一个 key 中的，前面讲过，对一个 key 的写入和读取是线性一致性的（线性一致性会在第 15 章中讲解）。也就是说，对一个 key 的写入和读取是保证原子的，即只要将 transaction record 状态改为 COMMITTED，intent 中的新值就对后面的事务生效了，不管一个事务写入了多少个 intent，这些 intent 都是同时生效的，后面的事务就可以读取到 COMMITTED 事务写入的值，从而保证了原子性——事务要么都生效，要么都不生效。

与传统的两阶段提交不同的是，CockroachDB 事务的提交阶段只是一个轻量级的 key 的写入操作，提交后的 intent 清除是异步处理的。从事务的时间成本角度来讲（事务的执行时间或者叫延时），CockroachDB 的两阶段提交只是增加一个轻量级的 key 的写入操作，将前一个事务的提交阶段的成本转化为后一个事务的写入和读取阶段的成本。也就是说，如果遇到 intent，则要额外读取一次 transaction record，在某些情况下，这个成本是不必付出的。但是传统两阶段提交的提交阶段的成本在任何情况下都是必须要付出的。在非常理想的负载情况下，CockroachDB 的事务相当于只有一个阶段，额外加上一个 key 的写入。

9.5.3　事务的并发执行

前面介绍了事务的串行执行，但串行执行仍然是不切实际的，接下来讲解真实的CockroachDB 的事务执行，也就是并发执行。

到了并发执行，问题就变得非常复杂了，采用相同的思路，我们逐步逼近 CockroachDB 真实的事务实现方式，逐一讲解 CockroachDB 是如何保证几个重要特性的。

1．serializability 理论和 timestamp ordering 技术

CockroachDB 通过时间戳排序（timestamp ordering）技术来保证**可串行性**（serializability）。timestamp ordering 技术已经出现 30 年了，我们可以从标准的数据库教科书[2]上学习到这种技术。为了后面并发实现的展开，这里简单介绍一下 timestamp ordering 技术。

根据 serializability 理论，如果 serializability graph 无环就能保证事务的执行是可串行化的（serializable）。那么，什么是 serializability graph？首先来看什么是冲突。

如果两个不同的事务操作同一个数据，其中一个事务的操作是写操作，那么就会产生**冲突**（conflict）。有下面三类冲突。

- write-read（WR）冲突：第一个事务的操作写入一个值，第二个事务的操作读取这个值。
- read-write（RW）冲突：第一个事务的操作读取一个值，第二个事务的操作写入这个值。
- write-write（WW）冲突：第一个事务的操作写入一个值，第二个事务的操作也写入这个值。

针对任何事务的执行，根据冲突关系可以构建一个图，我们看图 9.5 所示的例子（此例参考 CockroachDB 官方博客[3]）。

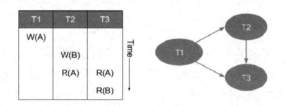

图 9.5　无环的冲突

在图 9.5 的左图中，有三个事务 T1、T2、T3 在执行，根据这三个事务之间的冲突关系构建了一个有向图，如图 9.5 的右图所示。在这个有向图中：

- 每个事务都用一个节点表示。
- 如果两个事务之间存在冲突，则在两个节点间画一条线，线的方向是从引起冲突的事务到受到冲突的事务。

具体来讲如下：

- 事务 T1 写入 A，之后事务 T2 读取 A，那么从事务 T1 到事务 T2 存在 WR 冲突。
- 事务 T2 写入 B，之后事务 T3 读取 B，那么从事务 T2 到事务 T3 存在 WR 冲突。
- 事务 T1 写入 A，之后事务 T3 读取 A，那么从事务 T1 到事务 T3 存在 WR 冲突。

serializability 理论告诉我们，如果这个有向图中存在环，则这些事务的执行不能保证是可串行化的。在图 9.5 所示的例子中，不存在环，所以这三个事务的执行是可串行化的。

我们再来看图 9.6 所示的例子（此例参考 CockroachDB 官方博客[3]）。

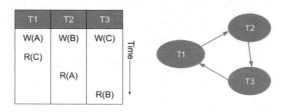

图 9.6　有环的冲突

在图 9.6 所示的例子中：

- 事务 T1 写入 A，之后事务 T2 读取 A，那么从事务 T1 到事务 T2 存在 WR 冲突。
- 事务 T2 写入 B，之后事务 T3 读取 B，那么从事务 T2 到事务 T3 存在 WR 冲突。
- 事务 T3 写入 C，之后事务 T1 读取 C，那么从事务 T3 到事务 T1 存在 WR 冲突。

根据这个冲突关系，我们可以得到带有环的 serializability graph，如图 9.6 的右图所示。因此可以判定，这三个事务的执行不是可串行化的。

CockroachDB 使用 timestamp ordering 技术保证 serializability graph 中不存在环。具体的做法是：

- 当事务启动时，每个事务都会被分配一个时间戳（从事务启动的节点上获取），事务中的所有操作都具有相同的时间戳。
- 对于每个操作，根据时间戳本地判断是否存在冲突。

- 只允许与较早的时间戳发生冲突的操作存在，不允许与较晚的时间戳发生冲突的操作存在，也就是只接受比自己的时间戳大的操作。

这种 timestamp ordering 技术可以保证 serializability graph 无环，从而保证事务的执行是可串行化的。这里就不详细证明了，对证明有兴趣的读者可以查阅参考文献[2]。

继续图 9.6 所示的例子，假设三个事务分别先后执行，我们用 TS(1)、TS(2)、TS(3) 表示三个事务的时间戳，也就是每个事务第一个操作的执行时刻分别是时刻 1、时刻 2、时刻 3。我们把带有时间戳的图 9.6 所示的例子表述成如图 9.7 所示的样子。

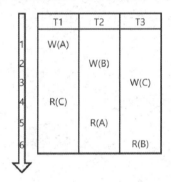

图 9.7　timestamp ordering

在图 9.7 中，接下来的三个操作具体如下：

- 当事务 T1 执行 R(C)操作时，R(C)操作的时间戳是 1，而事务 T3 的 W(C)操作的时间戳是 3，CockroachDB 会拒绝 R(C)操作，也就是事务 T1 会被回滚，在稍后的时间重试。
- 当事务 T2 执行 R(A)操作时，R(A)操作的时间戳是 2，而事务 T1 的 W(A)操作的时间戳是 1，所以 R(A)操作会被允许执行。
- 当事务 T3 执行 R(B)操作时，R(B)操作的时间戳是 3，而事务 T2 的 W(B)操作的时间戳是 2，所以 R(B)操作会被允许执行。

最终，T1 回滚，T2、T3 执行，T2、T3 形成的 serializability graph 不存在环，这个执行是可串行化的。

综上所述，总结如表 9.1 所示。

表 9.1　基于 timestamp ordering 的冲突解决

冲　突	对应的情况	TS(T2) > TS(T1)	TS(T2) < TS(T1)
WR 冲突	T1 执行 W(x)操作，之后 T2 执行 R(x)操作	T2 被允许执行	根据 timestamp ordering，T2 不被允许执行
RW 冲突	T1 执行 R(x)操作，之后 T2 执行 W(x)操作	T2 被允许执行	根据 timestamp ordering，T2 不被允许执行
WW 冲突	T1 执行 W(x)操作，之后 T2 执行 W(x)操作	T2 被允许执行	根据 timestamp ordering，T2 不被允许执行

2．数据的多版本保存

CockroachDB 的事务启动时会被分配一个时间戳，这个时间戳被称为**事务的时间戳**。每个操作也都会有时间戳，**操作的时间戳**就是其所在事务的时间戳。

在 CockroachDB 中，同一个数据会被保存为多个版本。新的写入不是覆盖旧的值，而是创建一个新的具有更大时间戳的版本，如图 9.8 所示。

其实，前面介绍的 intent 也是基于数据多版本保存机制实现的。写入的 intent 实际上是一个新的版本，这个版本带有特殊的标志，或者说是一个指针，指向事务的 transaction record，如图 9.9 所示。

key	timestamp	value
A	400	"current_value"
A	322	"old_value"
A	50	"original_value"
B	100	"value_of_b"

图 9.8　数据的多版本保存
（此图参考 CockroachDB 官方博客[3]）

key	timestamp	value
A\<intent\>	500	"proposed_value"
A	400	"current_value"
A	322	"old_value"
A	50	"original_value"
B	100	"value_of_b"

图 9.9　基于多版本实现的 intent
（此图参考 CockroachDB 官方博客[3]）

在多版本的基础上，清除 intent 的动作其实就是把 intent 的标志从 key 中删除。

3．冲突的检测

CockroachDB 是如何检测冲突的？在 CockroachDB 中，上面介绍的三类冲突表现为如下具体形式。

- write-read（WR）冲突表现为后一个事务 T2 执行读操作，也就是 T2 作为 reader 读取前一个事务 T1 写入的 intent 或者 plain value。具体如下：
  - 当 reader 遇到一个 intent 时，可能是一个正在运行的事务正在这个数据上写入一个版本，那么 reader 所在的事务和这个正在运行的事务是有冲突的。
  - 当 reader 遇到一个 intent 时，也可能是刚刚提交的一个事务写入的 intent 还没来得及转换成 plain value，那么 reader 所在的事务和这个刚刚提交的事务是有冲突的。
  - 如果 reader 遇到一个 plain value，则说明之前很久提交的一个事务写入了这个版本，最初的 intent 已经成功转换为 plain value，后面要读取它的 reader 都会和它有冲突。这里需要注意的是，serializability graph 中的冲突包括已经完成的事务执行过的操作产生的冲突。
- write-write（WW）冲突与 WR 冲突的情况类似，只不过 writer 要修改覆盖 intent 或者 plain value。
  - 当 writer 遇到一个 intent 时，可能是一个正在运行的事务打算在这个数据上写入一个版本，那么 writer 所在的事务和这个正在运行的事务是有冲突的。
  - 当 writer 遇到一个 intent 时，也可能是刚刚提交的一个事务写入的 intent 还没来得及转换成 plain value，那么 writer 所在的事务和这个刚刚提交的事务是有冲突的。
  - 如果 writer 遇到一个 plain value，则说明之前很久提交的一个事务写入了这个版本，最初的 intent 已经成功转换为 plain value，后面要修改它的 writer 都会和它有冲突。
- read-write（RW）冲突不能通过 plain value 或者 intent 的时间戳检测出来，CockroachDB 采用缓存来记录读操作的时间——CockroachDB 会记录下所有读操作的时间戳，准确地说，是某个 key 之前执行的所有读操作的时间戳（如果要记录下所有读操作的时间戳，显然这个缓存会无限地增长，CockroachDB 对其进行了优化，即将这个缓存设置成固定大小。关于此内容这里就不展开介绍了，有兴趣的读者可以参考 CockroachDB 的文档[3]）。writer 在写入前，先在缓存中检查要操作的 key 的时间戳，如果缓存中存在这个 key 的时间戳，则说明在写入前有一个事务对这个数据进行了读取，因此存在冲突。为了后面不产生歧义，本书后面将这个缓存称为时间戳缓存。

总结起来，在 CockroachDB 中上述三类冲突对应的情况如表 9.2 所示。

表 9.2　CockroachDB 中的冲突及对应的情况

冲　突	对应的情况
WR 冲突	reader 遇到一个 key（intent 或者 plain value）
RW 冲突	writer 在 cache 中遇到一个时间戳
WW 冲突	writer 遇到一个 key（intent 或者 plain value）

4．基于 timestamp ordering 技术的冲突解决

总体来说，CockroachDB 通过 MVCC、timestamp ordering 这两种方法控制多个事务并发执行，采用乐观（optimistic）策略。前面已经介绍了 timestamp ordering 的理论，这里讲解 timestamp ordering 在 CockroachDB 中的具体实现。

因为事务操作的时间戳是其所在事务的时间戳，所以先发生的操作可能具有更大的时间戳，后发生的操作可能具有更小的时间戳。也就是说，操作的时间戳与操作实际发生的时间顺序可能是完全相反的。我们用图 9.10 所示的例子来说明。

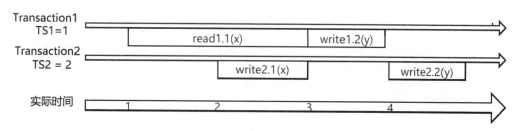

图 9.10　时间戳

在图 9.10 所示的例子中，Transaction1 发生在 TS1=1 时，Transaction2 发生在 TS2=2 时。对于 write1.2 和 write2.2，它们实际发生的时间与各自的时间戳一致；而对于 write2.1 和 write1.2，它们实际发生的时间与各自的时间戳相反。采用 timestamp ordering 的并发控制，write1.2 和 write2.2 的冲突是允许发生的；write2.1 和 write1.2 的冲突是不允许发生的，需要取消事务。

显而易见，这种情况与前面例子中的冲突情况类似，在 CockroachDB 中有些冲突是允许的，有些冲突是不允许的，按照 timestamp ordering 的规则，结合事务操作的时间戳，我们重新整理冲突，如表 9.3 所示。

表9.3　基于时间戳的冲突

冲　突	对应的情况	TS(T) > TS(key)	TS(T) < TS(key)
WR 冲突	reader 遇到一个 key（intent 或者 plain value）	T 被允许执行	根据 timestamp ordering，T 不被允许执行
RW 冲突	writer 在 cache 中遇到 key 的一个时间戳	T 被允许执行	根据 timestamp ordering，T 不被允许执行
WW 冲突	writer 遇到一个 key（intent 或者 plain value）	T 被允许执行	根据 timestamp ordering，T 不被允许执行

在表 9.3 中，TS(T)表示一个事务 T 中的 reader/writer 的读/写操作的时间戳，也就是 reader/writer 所在的事务 T 的时间戳。如果 reader/writer 遇到的是 intent，则 TS(key)表示的是 intent 的时间戳；如果 reader/writer 遇到的是 plain value，则 TS(key)表示的是 plain value 的时间戳。在 RW 冲突场景下，TS(key)表示的是时间戳缓存中这个 key 的时间戳。

5. 基于 MVCC 技术的冲突解决

在表 9.3 中，在 reader 遇到一个 key（intent 或者 plain value）且 TS(T) < TS(key)这种情况下，读操作不是要读取前面的写操作写入的数据，实际上要读取的是历史数据。这个冲突操作，可以通过 MVCC 方式来解决，读取历史版本的数据。如表 9.4 所示，采用 MVCC 减少了一种不被允许的冲突（后面的 13.2.1 节还会继续介绍 MVCC）。

表9.4　基于 MVCC 的冲突

冲　突	对应的情况	TS(T) > TS(key)	TS(T) < TS(key)
WR 冲突	reader 遇到一个 key（intent 或者 plain value）	T 被允许执行	根据 MVCC，T 被允许执行，从快照中读取
RW 冲突	writer 在 cache 中遇到 key 的一个时间戳	T 被允许执行	根据 timestamp ordering，T 不被允许执行
WW 冲突	writer 遇到一个 key（intent 或者 plain value）	T 被允许执行	根据 timestamp ordering，T 不被允许执行

6. 可恢复性

通过 timestamp ordering 保证了 serializability，但是只有 timestamp ordering 不能保证一致性。下面举例说明。

在事务 T 的 reader 遇到一个 intent 且 TS(T) > TS(key)这种情况下，这个 intent 是被另外一个事务 T2 写入的，时间戳为 TS(key)。事务 T 具有更大的时间戳 TS(T)，根据 timestamp ordering，事务 T 是可以读取这个 intent 的，并且事务 T 读取了 intent 中的事务 T2 写入的值，但是在这之后，如果事务 T2 没有提交而是取消了，那么事务 T 就读取到了一个脏数据。这破坏了数据库的一致性。

根据数据库教科书[2]中所讲的，这种情况违反了**可恢复性（recoverability）**，这种冲突应该是不被允许的。

因此，我们可以得到基于可恢复性的冲突，如表 9.5 所示。

表 9.5　基于可恢复性的冲突

冲　突	对应的情况	TS(T) > TS(key)	TS(T2) < TS(key)
WR 冲突	reader 遇到一个 key（intent）	根据可恢复性，T2 不被允许执行	采用 MVCC，T2 被允许执行，从快照中读取
	reader 遇到一个 key（plain value）	T2 被允许执行	
RW 冲突	writer 在 cache 中遇到 key 的一个时间戳	T2 被允许执行	根据 timestamp ordering，T2 不被允许执行
WW 冲突	writer 遇到一个 key	T2 被允许执行	根据 timestamp ordering，T2 不被允许执行

至此，CockroachDB 保证了 serializability 和可恢复性，已经可以保证事务的一致性，从而保证事务执行完成后，即便是并发执行完成后，数据库的状态也仍然是保持一致的。

虽然 CockroachDB 已经达到了事务保持一致性，但是它并没有止步于此，仍然在进一步提升一致性。

7．没有陈旧读

CockroachDB 进一步的努力就是保证没有陈旧读。前面 9.4 节讲解了时钟误差，在这样的时钟误差下，可能出现如图 9.11 所示的情况。

在图 9.11 所示的例子中，客户端先后启动了两个事务：T1 和 T2，它们启动的实际时间分别是 Time(T1) = 100ms，Time(T2) = 110ms，事务 T1 由 Node1 处理，事务 T2 由 Node2 处理。Node1 上的时钟快 100ms，所以事务 T1 的时间戳是 TS(T1) = 200ms；而 Node2 上的时钟慢 100ms，所以事务 T2 的时间戳是 TS(T2) = 10ms。从客户端的视角来看，先启动事务 T1 对一个 key 写入了一个新值，事务 T1 结束后，再启动事务 T2 读取这个 key，客户端理所应当地期盼读取到这个刚刚写入的新值，但是按照我们前面讲的规则，CockroachDB 不会读取到最新的值，而是会根据 reader 的时间戳（也就是事务 T2 的时间戳）读取一个历史版本，返回给客户端，那么客户端就读取到了一个陈旧数据。这种情况被称作**陈旧读**（stale read）。

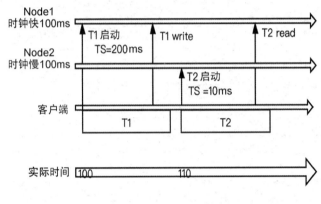

图 9.11　时钟误差

这里的事务 T2 仿佛进行了"时空旅行"，读取到了过去的值。那么如何理解这个"时空旅行"呢？serializability 相当于所有事务都按串行的方式执行，任何一种串行方式都可以，包括这种顺序完全打乱的串行执行，就像图 9.12 所示的一样。一般来说，在两种情况下会出现这种顺序完全相反的执行，其中一种是两个事务访问完全不同的 key 的集合，没有任何交集；另一种是在两个事务中，有一个事务是只读事务，就像图 9.12 所示的例子一样。

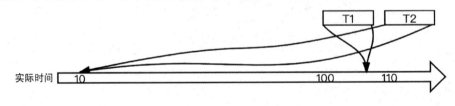

图 9.12　陈旧读

与前面章节中介绍的陈旧读不同的是，CockroachDB 的陈旧读不是源于多副本数据存储，而是源于机器间的时钟误差。

在上面的例子中，key 的时间戳 TS(key)与 reader 的时间戳 TS(reader)的差值小于 250ms，则这个 key 的时间戳为**比较近的将来时间戳**（near future）。所以要防止陈旧读，就需要阻止例子中事务 T2 的执行，即将事务 T2 回滚。

如果 key 的时间戳与 reader 的时间戳的差值大于 250ms，会怎么样呢？我们再来看图 9.13 所示的例子。

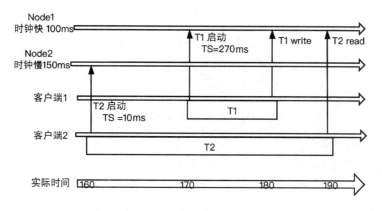

图 9.13　大于 250ms 的陈旧读

在图 9.13 所示的例子中，客户端 2 启动事务 T2，启动的实际时间是 Time(T2) = 160ms，事务 T2 由节点 Node2 处理，Node2 的时钟比实际时间慢 150ms，所以 Node2 分配给 T2 的时间戳是 TS(T2) = 10ms；客户端 1 在 10ms 后启动了事务 T1，事务 T1 由节点 Node1 处理，Node1 的时钟比实际时间快 100ms，所以 Node2 给事务 T1 分配的时间戳是 TS(T1) = 270ms。事务 T1 在 180ms 时，对一个 key 写入了一个新值。10ms 后，事务 T2 对同一个 key 进行读操作，事务 T2 会发现这个 key 的时间戳 TS(key) 比自己的时间戳大 260ms。也就是说，这个 key 的时间戳相对于自己的时间戳是一个**比较远的将来时间戳**（far enough in the future）。在这种情况下，即便两个节点的时钟误差达到 250ms，我们仍然可以确定事务 T2 启动的实际时间一定早于事务 T1，那么事务 T2 不读取事务 T1 刚刚写入的新值，而是读取之前的历史版本也是正确的。

通过上面的两个例子可以总结出，当 reader 遇到一个 key（intent 或者 plain value）且 TS(T2) < TS(key) 时，会出现下面两种情况：

- 如果 TS(key) 比 TS(T) 大很多，也就是事务 T 遇到一个比较远的将来时间戳，则 reader 的事务一定比写入 key 的事务启动时间早。也就是说，reader 在读取一个历史版本。这种冲突是被允许的，按照之前所讲的，可以通过 MVCC 读取历史版本。
- 如果 TS(key) 比 TS(reader) 大得不是很多，也就是事务 T 遇到一个比较近的将来时间戳，虽然 reader 的时间戳 TS(T2) 大于 key 的时间戳 TS(key)，但是仍然无法确定 reader 的事务 T 和写入 key 的那个事务，哪个事务是先启动的。哪个事务先启动都是有可能的，图 9.13 所示的例子是 reader 的事务晚于写入 key 的事务启动，也就是事务启动的实际时间与时间戳的时间顺序完全相反，但是也存在 reader 的事务早于写入 key 的事务启动，也就是与时间戳的顺序相同。由于无法确定事务启动的真正时间，因此就无法确定是读取最新值，还是通过 MVCC 读取历史版本，所以统一按照不允许执行来处理。

CockroachDB 不允许图 9.12 中例子的情况发生，但是允许图 9.13 中例子的情况发生，也就是通过 MVCC 读取历史版本，从而可以得到最终的完整的 CockroachDB 中的冲突情况，如表 9.6 所示。

表 9.6　完整的 CockroachDB 中的冲突情况

冲　突	对应的情况	TS(T) > TS(key)	TS(T) < TS(key)	
			比较近的将来时间	比较远的将来时间
WR 冲突	reader 遇到一个 key（intent）	根据可恢复性，T 不被允许执行	为了防止陈旧读，T 不被允许执行	采用 MVCC，T 被允许执行，从快照中读取
	reader 遇到一个 key（plain value）	T 被允许执行		
RW 冲突	writer 在 cache 中遇到 key 的一个时间戳	T 被允许执行	根据 timestamp ordering，T 不被允许执行	
WW 冲突	writer 遇到一个 key（plain value）	T 被允许执行	根据 timestamp ordering，T 不被允许执行	

参考文献

[1] Distribution Layer. https://www.cockroachlabs.com/docs/stable/architecture/distribution-layer.html.

[2] Bernstein P, Hadzilacos V, Goodman N. Concurrency Control and Recovery in Database Systems. Addison-Wesley, 1987.

[3] Tracy M. Serializable, Lockless, Distributed: Isolation in CockroachDB. 2016. https://www.cockroachlabs.com/blog/serializable-lockless-distributed-isolation-cockroachdb/.

第**3**部分　分布式算法

第 2 部分介绍了 8 个分布式系统，它们很多都用到一些类似的分布式算法，比如 Paxos 算法、Raft 算法、Zab 算法。其中，BigTable 的架构组件 Cubby 使用了 Paxos 算法，MongoDB 的复制过程使用了一种与 Raft 类似的算法，ZooKeeper 使用了 Zab 算法，Spanner 使用了 Paxos 算法，CockroachDB 使用了 Raft 算法。这一部分将介绍这几种非常重要的分布式算法。

第 10 章
共识算法 Paxos

本书第 8 章介绍了 Google 的 Spanner，在 Spanner 中使用 Paxos 进行副本间的数据复制。本章就将具体讲解 Paxos 算法。

10.1 Paxos 的历史

Paxos 的历史是计算机历史当中最有趣的历史之一。Lamport 在 20 世纪 80 年代末提出了 Paxos 算法，论文名为 "The Part-Time Parliament"[1]，翻译成中文就是 "兼职议会"。如果不事先说明，也许你不会认为这是一篇关于 Paxos 算法的论文。Lamport 在写这篇论文时，采用了一个虚构的古希腊岛屿上发生的故事来描述这个算法。Lamport 的另外一篇非常著名的论文 "The Byzantine General Problem" 也采用了这种写作风格，并且被人们广泛接受，然而采用相同风格写成的 Paxos 论文，却没有被人们所接受。为了向人们说明这个算法，Lamport 做了几次演讲，在演讲中 Lamport 扮演成《夺宝奇兵》电影中印第安纳·琼斯风格的考古学家，为了逼真，Lamport 还带上了与电影中相同的 Stetson 牌的牛仔毡帽和系在屁股上的小酒壶。但是令 Lamport 失望的是，听众没有记住 Paxos 算法，仅仅记住了印第安纳·琼斯[2]。

1990 年，Lamport 将这篇论文提交给 TOCS。TOCS 的三个审稿人看过 Lamport 的论文后认为，虽然这篇论文并不重要，也还有些意思，但是需要把其中与 Paxos 岛相关的故事删除。Lamport 对这个意见非常生气，认为他们缺乏幽默感，拒绝修改论文，从而论文的发表被搁置。

虽然论文没有发表，但是并不是没有人关注这个算法。Butler W. Lampson 认识到了这个算法的重要性（Butler W. Lampson 是 1991 年的图灵奖获得者），Lampson 在他的一篇论文 "How to Build a Highly Availability System using Consensus"[3]中对 Paxos 算法进行了描述。此后，De Prisco, Lynch 和 Lampson 共同发表了他们对 Paxos 算法的描述和证明的一篇论文 "Revisiting the PAXOS algorithm"[4]。

Lamport 曾回忆到[2]，"他们那些论文的发表更使我确信是时候发表我的这篇论文了。于是，我提议当时 TOCS 的编辑 Ken Birman 发表该论文。他建议我再修改一下，比如添加关于该算法的 TLA 描述。但是重读该论文后，我更确信其中的描述和证明已经足够清晰，根本不需要再做改动。诚然，该论文可能需要参考一下最近这些年发表的研究成果进行修订。但是，一方面作为一种开玩笑的延续；另一方面为保存原有工作，我建议不是再写一个修订版本，而是以一个最近被发现的手稿的形式公布，并且由 Keith Marzullo 作注。Keith Marzullo 很乐意这样干，Birman 也同意了，最终该论文得以重见天日。"

1998 年，"The Part-Time Parliament" 这篇论文在 TOCS 上发表。论文发表时，在上一次版本的基础上，仅仅加上了一段 Keith Marzullo 的注释，在这段注释中，Keith Marzullo 也风趣了一把，他把这次发表解释成，"这篇提交的论文最近在 TOCS 编辑办公室的文件柜后面被发现了。尽管距离收到这篇论文已经很长时间了，主编还是感觉值得发表。因为作者当前正在希腊群岛做考古工作，所以委托我来准备这篇论文的发表。作者好像是一位对计算机非常有兴趣的考古学家。这是不幸的；即使计算机科学家对作者所描述的这个晦涩的远古 Paxon 人的文明兴趣不大，但是它的立法系统是一个在异步环境中实现分布式系统的杰出的模型。" Keith Marzullo 风趣地称 Lamport 为一位考古工作者。

这篇论文发表后，大众仍然觉得很难理解，于是 Lamport 在 2001 年又发表了一篇论文 "Paxos Made Simple"[5]，用计算机领域比较常见的讲述方式重新讲述了一遍 Paxos。但是在这篇论文中，他仍然不忘幽默一把，他在论文最开始处说，"Paxos 算法用来实现能够容忍故障的分布式系统，但 Paxos 被认为难于理解，可能原因是最初的表述是用希腊语写的。"关于 Paxos 的第一篇论文显然是用英语写的，但是的确里面虚构故事中的一些人物的名字是他找朋友用希腊的一种方言起的。并且他还说，"当 Paxos 被表述为平实的英语后，它非常简单。"

讲完这段有趣的 Paxos 的历史，下面我们逐层分解来讲解 Paxos 算法。

10.2 Consensus vs Paxos

Paxos 是一种算法，它包含两部分，其中一部分是核心算法；另一部分是基于核心算法扩展的完整算法。

在 Lamport 的"The Part-Time Parliament"这篇论文中，并没有给核心算法和完整算法起一个名字，甚至都没有说该论文在讲述一个算法。Lamport 在论文中讲述了考古学的一个最新发现——一个叫作 Paxos 的希腊岛屿上的民主政治的故事。Paxos 岛上的人通过民主投票的方式，确立他们自己的法律。这些岛民通过一种叫作"单法令议会"（Single-Decree Synod）的制度来确定单个法令，通过一种叫作"多法令国会"（Multi-Decree Parliament）的制度来确立所有法令以及法令体系。"单法令议会"的故事就是在隐喻核心算法，"多法令国会"的故事就是在隐喻完整算法。

在 Lamport 的"The Part-Time Parliament"这篇论文之后，有很多人详细完整地重新阐述了这个算法，其中比较有名的是上一节提到的 Butler W. Lampson，他写了两篇论文，"How to Build a Highly Available System Using Consensus"[3]（1996 年）和"Revisiting the PAXOS algorithm"[4]（1997 年）。在 1997 年的这篇论文中，Butler W. Lampson 将核心算法和完整算法分别命名为 basic-paxos 和 multi-paxos。

Lamport 在 2001 年发表的"Paxos Made Simple"[5]这篇论文中，又重新阐述了一遍 Paxos 算法，该论文仍然将 Paxos 算法分为核心算法和完整算法两部分，也仍然没有非常明确地给这两部分算法正式命名。但是将算法所起的作用作为论文小节的标题，其中核心算法部分的小节标题是"共识算法"（The Consensus Algorithm），完整算法部分的小节标题是"实现一个状态机"（Implementing a State Machine）。从这两个标题可以看出，Paxos 算法的核心部分解决了分布式领域当中非常重要的基础问题，也就是共识问题；完整算法是用来实现状态机的算法。并且在论文的正文中，Lamport 也用 Paxos Consensus Algorithm、Paxos Algorithm 来分别称呼核心算法和完整算法。

下面将 Paxos 算法名称汇总在表 10.1 中。

表 10.1　Paxos 算法名称汇总

	"The Part-Time Parliament"	"Paxos Made Simple"	"Revisiting the PAXOS algorithm"
核心算法	Single-Decree Synod	consensus 算法/Paxos consensus 算法	basic-paxos
完整算法	Multi-Decree Parliament	state machine/Paxos 算法	multi-paxos

个人感受

　　笔者个人比较喜欢 Lamport 的命名，将算法的核心部分称为 Paxos consensus 算法，将完整算法称为 Paxos 算法，个人觉得这两种命名更体现了算法的核心问题。但是目前行业内部更多采用 "Revisiting the PAXOS algorithm" 中的命名方法，即采用 Basic Paxos 和 Multi Paxos 的叫法，本书后面也会依照这种命名来讲解，方便读者阅读。

10.3　Basic Paxos 算法

　　本节系统讲解 Paxos consensus 算法，但是为了方便读者理解，标题采用了 "Basic Paxos 算法"。

10.3.1　共识问题

　　虽然这里使用了 "Basic Paxos 算法" 作为本节的标题，但是从本质上讲，Basic Paxos 仍然是一个共识算法，所以我们先来看看什么是共识问题。

1. Lamport 对共识问题的描述

　　不严格地说，共识问题就是多个进程对一个值达成一致。每个进程都可以**提议**（propose）一个自己想要的值，但是最终只有一个值会被**选中**，并且所有进程对这个选中的**值达成一致**。

　　共识问题中的**值**（value）可以是非常简单的，比如一个整型数字，也可以是任何非常复杂的信息。

　　Lamport 在给出 consensus 算法之前，这样描述了**共识**（consensus）问题[1]：

假设有一组进程，在这组进程中每一个进程都可以提议一个值。共识算法可以保证在所有这些提议的值中，只有唯一的一个值会被选中。如果没有被提议的值，那么就没有值没被选中。如果有一个值被选中，那么所有进程都应该能学习到这个值。

Lamport 的共识问题有下面几个需要注意的点：

- 可以是任意多个进程。
- 所有进程都可以提议一个值。
- 所有进程都可以学习到被选中的值。

我们可以把这个共识问题描述成如下程序问题。

对于进程 P_i（$i = 0, \cdots, n$），分别要提议值 x_i（$i = 0, \cdots, n$），进程 P_i 调用方法：

```
y = consensus(xi)
```

对于每个进程 P_i，这个方法都会返回同一个值 y。并且，无论 P_i 调用多少次，consensus() 方法都只能返回 y。下面通过例子来说明。

```
P1 ---2 = consensus(1) ---2 = consensus(1) --->
P2 ---2 = consensus(2) ---2 = consensus(4) --->
P3 ---2 = consensus(3) ----------------------->
```

在这个例子中，有三个进程，分别是 P1、P2、P3，它们要对一个值达成一致。P1 要提议的值是 1，P2 要提议的值是 2，P3 要提议的值是 3，它们同时调用 consensus() 方法，该方法实现一个共识算法，保证三个被提议的值当中只有一个值被选中。比如 P2 提议的值被选中，那么 P1、P2 调用 consensus() 方法返回的值就是 2。并且，尽管 P1 后续又调用了 consensus() 方法，但是仍然返回被选中的值 2。而且，即便 P2 后续再次提议一个值 4，共识算法也要保证返回的是被选中的值 2。

2. consensus 算法的安全要求和存活要求

consensus 算法有两个要求，即安全要求和存活要求。

安全（safety）要求是指：

- 只有一个被提议的值可能被选中。
- 只有唯一的一个值被选中。
- 只有一个值实际上已经被选中，一个进程才能学习到这个值。

存活（liveness）要求是指：某个被提议的值最终一定会被选中，并且如果一个值被选中，那么一个进程最终能够学习到这个值。

10.3.2 算法简述

讲述完算法要解决的问题后，接下来讲解算法是如何解决这个共识问题的。

1．算法的 3 个角色

Paxos consensus 算法中有 3 个角色，分别是**提议者**（proposer）、**接受者**（acceptor）和**学习者**（learner）。这些角色是逻辑角色，它们完成算法中的不同功能。一个进程可以容纳多个角色：

- proposer 角色负责提出一个值。
- acceptor 角色负责选择一个值。
- learner 角色负责学习到被选中的值。

2．算法的选择值和学习值的过程

Basic Paxos 算法分为两个过程，即选择一个值和学习一个值。具体如下：

- 在选择一个值的过程中，在一组 proposer 中，每一个 proposer 都可以提议任意一个值给一组 acceptor，这组 acceptor 会从所有 proposer 提议的值中选中唯一的一个值。
- 在学习一个值的过程中，learner 从 acceptor 中学习到这个被选中的值。

前面讲过，可以将共识问题描述成一个 consensus(x)方法，所有进程都调用这个方法达成对一个值的共识。依据上面所讲的角色，这个方法的实现的伪代码如下：

```
consensus(x)
{
    proposer.choose(x)
    return learner.learn()
}
```

现在举例说明。假设有 4 个进程，每个进程承担的角色如图 10.1 所示。

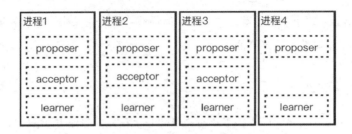

图 10.1　Paxos 的进程与角色

在图 10.1 中，每个进程都包含 proposer 角色，所以每个进程都可以提议一个值；每个进程都包含 learner 角色，所以每个进程都可以学习到被选中的值。本节后面会详细介绍，acceptor 一般是奇数个（如 3、5、7、9），在图 10.1 中选择 "3" 这个奇数，所以只有 3 个进程中包含 acceptor 角色，这 3 个 acceptor 角色保证 proposer 所提议的值中只有一个值被选中。分开的逻辑角色可以让 Paxos 算法应用于任意数量进程的分布式系统中。

3．重要概念

在继续介绍算法之前，先讲解几个重要的概念。

（1）大多数

如果有 $2n+1$ 个 acceptor，那么 $n+1$ 就是**大多数**（majority）。比如有 3 个 acceptor，大多数就是 2；有 5 个 acceptor，大多数就是 3；有 7 个 acceptor，大多数就是 4。按照 $2n+1$ 这个公式来确定 acceptor 的个数，acceptor 都会是奇数。当然，acceptor 选择偶数个也是可以的，假设有 m 个 acceptor，大多数就是 $m/2+1$，比如有 4 个 acceptor，那么大多数就是 3。在实际中，一般会选择奇数个 acceptor。

（2）提议

算法中的另一个概念是**提议**（proposal），提议是包含一个提议编号和一个值的值对。我们后续用{n,v}表示一个提议，其中 n 是提议编号；v 是一个任意值。例如{1,x}表示编号为 1、要提议的值为 x 的一个提议。后续会大量使用这种表示方式。

（3）提议编号

算法要求每个提议都包含一个**提议编号**（proposal number），并且这个提议编号是唯一且递增的，更准确地说，提议编号在一组进程中是全局唯一且递增的。Lamport 给出了一种简单且有效的方法来生成这个提议编号：每个进程都被分配一个唯一的**进程标识**（processid）（假设为 32 位），每个进程都维护一个**计数器**（counter）（假设为 32 位），每发出一个提议都把计算器加 1。下面这个 64 位的组合值作为提议编号：

```
counter + processid
```

那么，我们就可以得到一个全局唯一且递增的提议编号。Paxos 算法并不要求提议编号的生成一定要使用上面的方法，满足要求的任何一种方法都可以。

10.3.3　选择值过程

选择值的过程，可以被理解为 consensus()方法实现中的第一条语句。

```
consensus(x)）
{
    proposer.choose(x)
    return learner.learn()
}
```

choose(x)方法的参数 x 就是调用进程要提议的值。

1．选择值过程描述

选择一个值的过程是 Paxos consensus 算法的核心，而 Paxos consensus 算法又是 Paxos 算法的核心，所以选择值可谓是核心中的核心。Lamport 用 171 个词描述了这个选择值的过程。Lamport 的描述非常精炼和准确，可以说是一个词不多，一个词不少。先把 Lamport 的描述摘抄如下[1]：

Phase 1. (a) A proposer selects a proposal number n and sends a prepare request with number n to a majority of acceptors.

(b) If an acceptor receives a prepare request with number n greater than that of any prepare request to which it has already responded, then it responds to the request with a promise not to accept any more proposals numbered less than n and with the highest-numbered proposal (if any) that it has accepted.

Phase 2. (a) If the proposer receives a response to its prepare requests (numbered n) from a majority of acceptors, then it sends an accept request to each of those acceptors for a proposal numbered n with a value v, where v is the value of the highest-numbered proposal among the responses, or is any value if the responses reported no proposals.

(b) If an acceptor receives an accept request for a proposal numbered n, it accepts the proposal unless it has already responded to a prepare request having a number greater than n.

个人感受

相对于本书后面介绍的另外两个类似的算法（Raft 和 Zab），笔者个人非常喜欢 Paxos 算法。喜欢的原因有两点：第一，非常钦佩 Lamport 的这种精炼但又准确的描述风格，后面介绍的顺序一致性也采用了这样的描述风格，仅仅几十个词就把顺序一致性准确地描述出来；第二，Paxos -> Paxos consensus -> 选择值，这种层层递进的解决问题的风格，具有一种架构上的美感。笔者做架构设计工作多年，这种分层思想已经深入骨髓。

在做出任何解释之前，先把 Lamport 的原话翻译出来，组织成表格的形式，如表 10.2 所示。

表 10.2　Basic Paxos 算法选择值过程翻译

阶段	描　述
1（a）	一个 proposer 选择一个提议编号 n，并且发送编号为 n 的 prepare 请求给大多数 acceptor。
1（b）	如果一个 acceptor 收到一个编号为 n 的 prepare 请求，并且 n 比它之前已经回复的任何 prepare 请求中的编号都大，那么它给出回复，承诺不再接受任何编号比 n 小的提议，并且在回复中携带（如果有的话）已经接受的编号最大的提议。
2（a）	如果 proposer 收到大多数 acceptor 回复的一个其编号为 n 的 prepare 请求，那么它给这些 acceptor 中的每一个都发送一个 accept 请求，这个请求携带一个编号为 n 的提议，提议的值是所有回复中编号最大的提议中的值，如果回复中没有提议，则这个值可以是任何值。
2（b）	如果一个 acceptor 收到一个编号为 n 的 accept 请求，那么除非它已经回复了一个编号比 n 大的 prepare 请求，否则它会接受这个提议。

显而易见，选择值的过程是一个两阶段的算法。我们对这个过程中各阶段的细节进行解释说明如下。

1（a）：在这个阶段中，仅仅是生成一个新的提议编号，这时还没有新的提议，新的提议是在 2（a）阶段产生的。

1（b）："不再接受任何编号比 n 小的提议"中的这个接受提议的动作发生在 2（b）阶段。需要注意的是，这里回复的是编号最大的提议，不仅仅是那个值。acceptor 回复 prepare 消息后，则意味着这个 acceptor 承诺不再接受任何编号比 n 小的提议。

2（a）：这个阶段需要注意的地方是，proposer 并没有把所收到的编号最大的提议放在 accept 消息里，而是构建了一个新的提议，这个新的提议编号是 *n*，值是已接受的编号最大的提议中的值，如果没有接受的提议，则可以是 proposer 要提议的任何值。

2（b）：这个阶段需要注意的是，acceptor 接受的是提议，不是提议中的值。

在 Lamport 描述的这个过程中，有很多灵活的未具体说明实现方式的地方，我们为这个过程中 Lamport 没有言明实现方式的地方选择一种具体实现方式，转化成一个具体的过程。这个具体化包括两个方面，分别介绍如下。

具体化的第一个方面是明确过程中传递的消息。在这个具体化过程中有 3 个消息进行传递，说明如表 10.3 所示。

表 10.3　消息

阶段	消　息	消息说明
1（a）	prepare(n)	这个消息携带一个参数 n，n 是提议编号。简写成 PP(n)
1（b）	promise(n,{n1,v})	在 Lamport 的描述中没有对 prepare 的回复消息起名，只是将这个消息称为"对 prepare 的回复"。本书为了方便说明，将这个消息命名为 promise。promise 消息携带两个参数，即 n 和{n1,v}，其中 n 是承诺的提议编号，{n1,v}是一个提议，这个提议的编号是 n1，值是 v。简写成 PM(n,{n1,v})
2（a）	accept({n,v})	这个消息携带一个参数{n,v}，{n,v}是一个提议，这个提议的编号是 n，值是 v。简写成 A({n,v})
2（b）	无消息	—

具体化的第二个方面是持久化存储的信息。在这个具体化过程中涉及 3 个保存在持久化存储中的信息，如表 10.4 所示。当然，也存在其他具体化过程，在其他具体化过程中可能会存储不同的信息。

表 10.4　记录的信息

持久化存储的信息名	简　写	持　有　者	说　　明
Tried Number	tn	proposer	上次使用过的提议编号，记成 p.tn，表示存储在 proposer 中的 Tried Number
Promised Number	pn	acceptor	承诺过的提议编号，记成 a.pn，表示存储在 acceptor 中的 Promised Number
Accepted Proposal	{an,av}	acceptor	已接受的一个提议，提议编号是 a，提议的值是 v，记成 a.{an,av}，表示存储在 acceptor 中的 Accepted Proposal

在这个具体化过程中，每个阶段的具体描述如表 10.5 所示。

表 10.5　具体化过程

阶段	具体描述
1（a）	一个 proposer 生成一个新的提议编号 n，n > p.tn，将 n 记录到 p.tn 中，并且发送 prepare(n)消息给大多数 acceptor
1（b）	如果一个 acceptor 收到一个 prepare(n)消息，并且 n > a.pn，则将 n 记录到 a.pn 中。如果有接受过的提议 a.{an,av}，则回复 promise(n,a.{an,av})消息；如果没有，则回复 promise(n,null)消息
2（a）	如果 proposer 收到大多数 acceptor 回复的承诺编号为 n 的 promise 消息，则构建一个新的提议，提议编号是 n，值 v 按下面的规则确定： ● 如果在所有这些 promise 消息中有携带提议的，则用提议编号最大的提议中的值 ● 如果在所有这些 promise 消息中没有任何一个携带提议的，则可以用 proposer 自己要提议的值 这个 proposer 给这些 acceptor 中的每一个都发送一个 accept(n,v)消息
2（b）	如果一个 acceptor 收到 accept(n,v)消息，且 n > a.pn，则把 a.{an,av}赋值成{n,v}

在这个具体化过程中，**承诺（promise）** 一个提议编号就具体体现为将一个提议编号持久化存储，**接受（accept）** 一个提议就具体体现为将一个提议持久化存储。

按阶段、动作执行者、收到消息、动作的执行条件、所执行的持久化存储、发送消息、消息发送目标等多个维度整理这个具体化过程，其中的重点部分如表 10.6 所示。

表 10.6　选择值过程的重点部分

阶段	执行者	收到消息	执行条件	持久化存储	发送消息	发送目标
1（a）	proposer		n > p.tn	p.tn = n	PP(n)	大多数 acceptor
1（b）	acceptor	PP(n)	n > a.pn	a.pn = n	PM(n,a.{an,av})	发送消息的 proposer
2（a）	proposer	PM(n,{n1,v})	从大多数 acceptor 收到消息		A({n,v})	1（a）中同一批大多数 acceptor
2（b）	acceptor	A({n,v})	n > a.pn	a.{an,av} = {n,v}		

2．选择值过程举例说明

前面讲解了选择值的过程，接下来用 3 个具体例子来说明选择值的过程。

例子 1：

第一个例子如图 10.2 所示。在图 10.2 中，我们用垂直向下的虚线表示一个角色按时间维度执行的动作。虚线左侧的实线框表示这个角色发送的消息，带箭头的实线表示将这个消息发送给某个角色；虚线右侧圆括号中的文字描述了一些关键动作。本节后面的图也采用类似的图例。

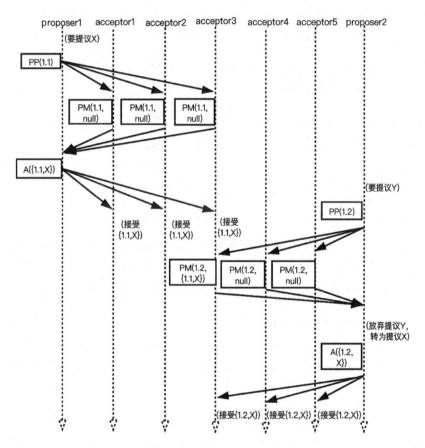

图 10.2　选择值的过程"例子 1"

在图 10.2 所示的这个例子中，具体过程解释如下：

（1）proposer1 要提议 X，生成一个新编号 1.1，向 acceptor1、acceptor2、acceptor3 所形成的大多数集合发送 PP(1.1)消息。

（2）acceptor1、acceptor2、acceptor3 收到 PP(1.1)后，因为它们之前都没有接受任何提议，也没有承诺过任何提议编号，所以都会回复 PM(1.1,null)消息给 proposer1。

（3）proposer1 收到 3 个 PM(1.1,null)消息后，构建一个新的提议{1.1,X}，发送 A({1.1,X})消息给 acceptor1、acceptor2、acceptor3。

（4）acceptor1、acceptor2、acceptor3 收到 A({1.1,X})消息后，因为它们都没有收到过编号比 1.1 更大的提议，所以它们都会接受{1.1,X}这个提议。

（5）与步骤 4 同一时刻，proposer2 要提议 Y，并生成编号 1.5，向 acceptor3、acceptor4、acceptor5 形成的大多数集合发送 PP(1.5)消息。

（6）acceptor4、acceptor5 没有接受过任何提议，也没有承诺过任何提议编号，因此都会回复 PM(1.5,null)消息给 proposer2；而 acceptor3 已经接受了提议{1.1,X}，因此会回复 PM(1.5,{1.1,X})。

（7）proposer2 收到 3 个 PM 消息后，满足发起新提议的条件，会构建一个新的提议，提议编号为 1.5，但是值不会使用 Y（虽然 proposer2 的初始目的是提议 Y，但是会放弃提议 Y 的初衷），而是会选择{1.1,X}这个收到的提议中的值 X，作为自己要提议的值，即新提议是{1.5,X}，将这个新提议通过 accept 消息发送给 acceptor3、acceptor4、acceptor5。从这里可以看出，proposer 角色并不会坚持原本要提议的值，而是会以最终达成共识作为自己的原则。

（8）acceptor3、acceptor4、acceptor5 收到 A({1.5,X})后，会接受这个提议。从这里可以看出，5 个 acceptor 最终接受的提议是不同的，acceptor1 和 acceptor2 接受的提议是{1.1,X}，acceptor3、acceptor4、acceptor5 接受的提议是{1.5,X}。但是这些提议中包含的值是相同的。

在后续的例子中，为了方便说明，在算法的实际应用中会进行一定的简化，即把 proposer 和 acceptor 放在同一个进程中。如果把 proposer 和 acceptor 放在同一个进程中，那么一个进程内部的 proposer 和 acceptor 之间就不需要用消息进行通信了。于是，我们可以对本例的图 10.2 进行简化，得到图 10.3。在图 10.3 中用圆角框代表一个进程，框中注明了这个进程所承担的角色。本章后面的一系列例子也会按照这样的方式来简化。

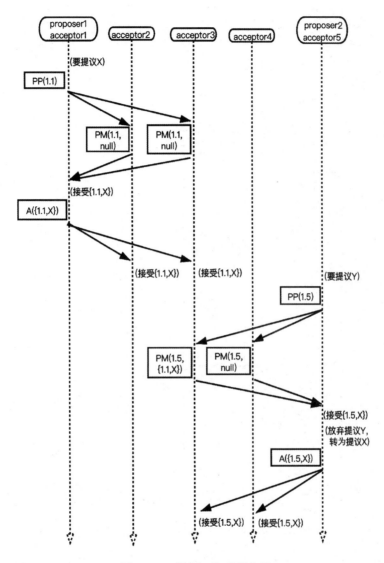

图 10.3　"例子 1"的简化图

例子 2：

"例子 1"的过程是完全正常的，但是在实际中可能会出现各种异常情况，比如消息延迟。接下来，在这个例子中我们讲解 Paxos 的选择值过程能够容忍某些消息延迟，请看图 10.4。

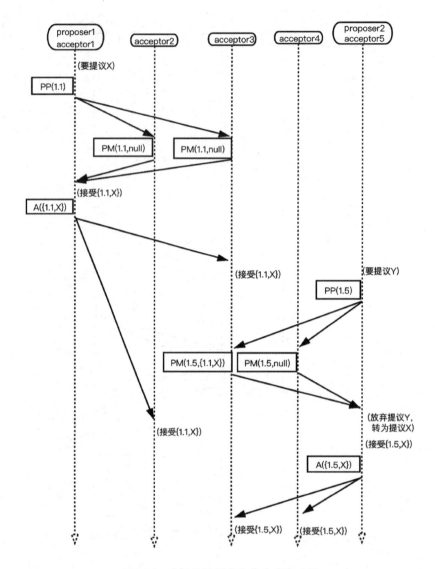

图 10.4　选择值过程容忍某些消息延迟

在图 10.4 所示的这个例子中，acceptor2 接收 A({1.1,X})这个消息发生了延迟，但是对最终的值的选择没有影响，值 X 最终被选中。

例子 3:

并非所有的消息延迟对最终的值的选择都没有影响，在这个例子中，我们仍然介绍消息延

迟的影响。不同于"例子 2"，这个例子中的消息延迟对选择值的过程有影响，我们来看看 Paxos
是如何处理这种消息延迟的，如图 10.5 所示。

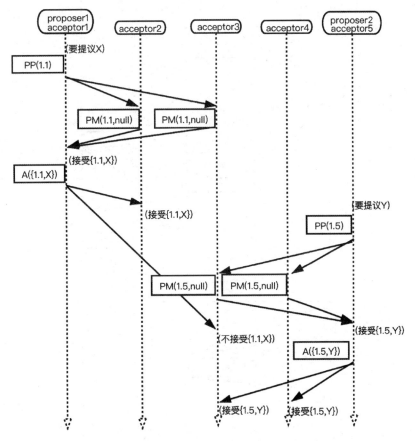

图 10.5 在选择值过程中处理某些消息延迟带来的影响

在"例子 3"中，发送给 acceptor3 的 A({1.1,X})消息延迟到达，这样的延迟对最终的结果
会有影响，值 X 没有达到大多数，而 Y 达到了大多数，最终达成共识的值会是 Y。但是值得注
意的地方是，第 1 个进程和第 2 个进程当前接受的值是 X，第 3 个进程、第 4 个进程、第 5 个
进程当前接受的值是 Y。也就是说，目前所有的进程并没有达成一致。

出现这种不一致后，Paxos 算法如何处理呢？我们来看图 10.6，图 10.6 是在图 10.5 的基础
上添加了虚线框部分。

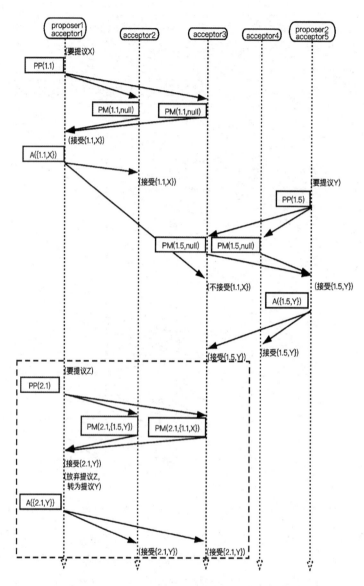

图 10.6　处理消息延迟带来的不一致

图 10.6 中虚线框部分的执行过程如下：

（1）proposer1 要提议另外一个值 Z，proposer1 递增自己的计数器，生成一个新的编号 2.1，用这个编号发送 PP(2.1)消息给 acceptor2 和 acceptor3。

（2）acceptor2 已接受{1.1,X}，编号 1.1 小于编号 2.1，acceptor2 会回复 PM(2.1,{1.5,Y})，承诺编号 2.1。acceptor3 已接受{1.5,Y}，编号 1.5 小于编号 2.1，acceptor3 会回复 PM(2.1,{1.1,X})，承诺编号 2.1。

（3）在 proposer1 收到的两个 PM 消息里，返回了两个提议，即{1.1,X}和{1.5,Y}，proposer1 会放弃提议另外一个值 Z，选择编号最大的提议中的值 Y，连同编号 2.1，构建一个新的提议{2.1,Y}，通过 accept 消息发送给 acceptor2 和 acceptor3。

第 1 个进程、第 2 个进程、第 3 个进程都会接受{2.1,Y}，至此，所有进程达成一致，都选中值 Y。这里需要注意的是，最终第 1 个进程、第 2 个进程、第 3 个进程接受的提议是{2.1,Y}，而第 4 个进程、第 5 个进程接受的提议是{1.5,Y}，但是所有进程选中的值都是 Y。

在"例子 3"中，进行了 3 次提议，第 1 次 proposer1 提议 X，X 未被选中；第 2 次 proposer2 提议 Y，Y 被选中，但是所有进程并未达成一致；第 3 次 proposer1 提议 Z，虽然 Z 仍然未被选中，但是所有进程达成了一致。至此，共识问题得到解决。

既然共识问题已经得到解决，那么 Paxos 算法还需要有学习值的过程吗？当然需要，因为选择值的过程有两个问题没有得到解决：

- 需要进行多次投票，所有进程才能达成一致。需要优化这个达成一致的过程，在有值被选中后，尽快让所有进程达成一致。
- 更重要的一个问题是，即便所有进程已经对选中的值达成一致，进程也无法知道这个状态已经达到。即便某个 acceptor 接受了多个提议，并且每个提议中的值都是同一个值，这个 acceptor 也不能确定这个值就是被选中的值。

3. 选择值过程的 progress 保证

选择值的过程不能完全保证 progress，也就是不能保证最终会达成共识。看下面这个例子，如图 10.7 所示。

在图 10.7 所示的例子中，proposer1 发送给 acceptor3 的 accept 消息被 proposer2 发出的 prepare 消息取消，proposer2 发出的 accept 消息又被 proposer1 发出的第二轮 prepare 消息取消，如此往复进行下去，存在永远都不会达成共识的可能，也就是出现了**活锁**。

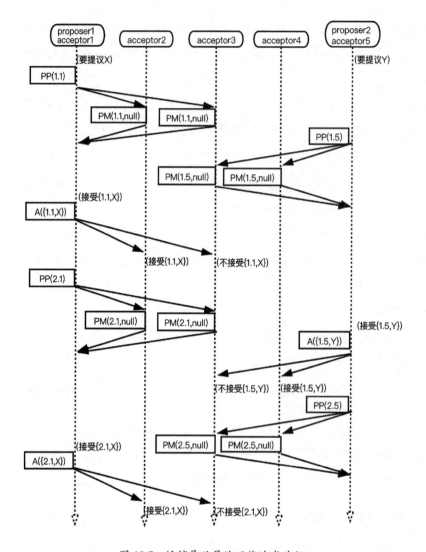

图 10.7　活锁导致最终不能达成共识

　　为了避免出现这种情况，可以选出一个 proposer，作为 distinguished proposer，只有这个 distinguished proposer 才能发起提议，从而避免了活锁情况的发生，如图 10.8 所示。

　　显而易见，只有一个 proposer 可以发起提议不是 Paxos 算法的必要条件，选出一个 distinguished proposer 只是为了提高效率。所以我们可以采用任何一种方式来选择 distinguished proposer，只要能大概率地选出一个 proposer 即可。

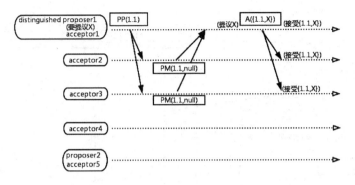

图 10.8　distinguished proposer

4．学习值过程

学习值的过程，可以被理解为 consensus() 方法实现中的第二条语句。

```
consensus(x)
{
    proposer.choose(x)
    return learner.learn()
}
```

学习值过程的产出是被选中的值 v。

学习值的过程相对简单，总结如表 10.7 所示。

表 10.7　学习值过程的总结

阶段	描　述
1（a）	当 acceptor 接受一个提议后，向所有的 learner 通知这个提议
1（b）	如果 learner 收到 acceptor 的通知，则接受这个提议。如果 learner 接受从大多数 acceptor 收到的某个提议，则这个 learner 接受提议中的值

当 learner **接受**（accept）一个值后，这个进程就知道这个值被选中了，如果所有进程都接受了一个值，那么所有进程也就达成了一致。

本书将学习值过程中 acceptor 向 learner 发送的消息记为 learn({n,v})，简写成 L({n,v})。这个消息携带一个参数 {n,v}，{n,v} 是一个提议，这个提议的编号是 n，值是 v。

接下来，我们看图 10.9 所示的例子。

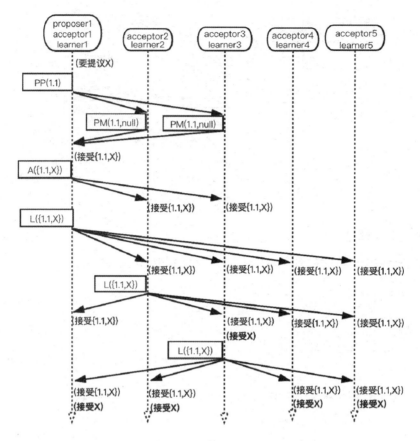

图 10.9　学习值过程

　　在图 10.9 所示的例子中，每个进程都对提议{1.1,X}接受了 3 次，如果一个进程对这个提议接受了 3 次，那么值 X 就被接受了。

　　每个接受提议的 acceptor 向每一个 learner 都发送一个 learn 消息，如图 11.9 所示，learn 消息的数量是 acceptor 的数量与 learner 的数量的乘积。为了减少 learn 消息的数量，可以指定一个 learner 作为 distinguished learner，acceptor 接受提议后，向 distinguished learner 发送 learn 消息，distinguished learner 收到 learn 消息后，向其他 learner 发送 learn 消息。本书将 acceptor 发送给 distinguished learner 的 learn 消息称为 ALearn 消息，消息携带接受的提议，也就是{n,v}；将 distinguished learner 发送给其他 learner 的消息称为 LLearn 消息，消息仅仅携带值。与 distinguished proposer 一样，distinguished leaner 并不要求唯一，多个 distinguished leaner 并不影响 Paxos 算法的正确性。

指定 distinguished leaner 后的学习值过程如图 10.10 所示。在图 10.10 中，将 ALearn 简写成 AL，将 LLearn 简写成 LL。

我们对具有 distinguished leaner 的学习值过程进行整理，如表 10.8 所示。

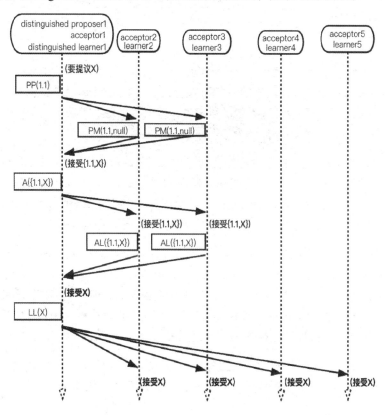

图 10.10　指定 distinguished leaner 后的学习值过程

表 10.8　具有 distinguished leaner 的学习值过程整理

阶段	描　述
1	将接受的提议通过 ALearn 消息发送给 distinguished learner
2（a）	distinguished learner 收到大多数 acceptor 的 ALearn 消息后，接受提议中的值，并向其他 learner 发送 LLearn 消息
2（b）	其他 learner 收到 LLearn 消息后，接受这个值

参照表 10.6，我们对表 10.8 中学习值过程的重点部分进行整理，如表 10.9 所示。

表 10.9　学习值过程的重点部分

阶段	执 行 者	收到消息	执行条件	持久化存储	发送消息	发送目标
1	acceptor				AL({n,v})	distinguished learner
2（a）	distinguished learner	AL({n,v})	从大多数 acceptor 收到消息		LL(v)	其他所有 learner
2（b）	learner	LL(v)				

承担 distinguished learner 角色的进程可能会发生宕机，因此可以指定多个 learner 作为 distinguished learner，这样可以提高系统的可靠性，但同时也增加了通信成本，也就是有更多的消息发送。一般只选择一个 learner 作为 distinguished learner。

回顾一下选择值的过程，你有没有注意到，在选择值的过程中，prepare 消息和 accept 消息仅仅发送给了大多数 acceptor，并没有发送给所有的 acceptor，有了 distinguished learner 后，学习值过程中的消息发送数量将不再受 acceptor 数量的影响，那么选择值过程中的 prepare 消息和 accept 消息就可以发送给所有的 acceptor，这样做也可以加快值的选中和最终的值达成一致。

本节前面讲过，为了提高效率，会选出一个 distinguished proposer。为了方便说明，可以指定 distinguished proposer 所在进程的 learner 作为 distinguished learner。当然，也可以指定其他进程的 learner 作为 distinguished learner。比较常见的做法是，通过某种方法选择一个进程，这个进程中的 proposer 成为 distinguished proposer，并且这个进程中的 learner 成为 distinguished leaner。而这个被选中的进程就被称为 Paxos consensus 算法的 leader。

但是无论哪种学习值的过程，都不能保证消息丢失后仍然能够学习到最终的值。如图 10.11 所示，没有收到 LLearn 消息的进程可以重新发起一个提议，学习到最终的值。

5. 整合两个过程

选择值的过程有 2 个阶段 4 个步骤，学习值的过程有 2 个阶段 3 个步骤，Paxos consensus 算法是由这两个过程组合而成的。在完整的 Paxos consensus 算法中，选择值的第 4 个步骤和学习值的第 1 个步骤是一个步骤，选择值的第 4 个步骤是这个步骤的前半部分，学习值的第 1 个步骤是这个步骤的后半部分。现在我们可以把选择值的过程与学习值的过程整合在一起，形成一个完整的 Paxos consensus 算法，如表 10.10 所示。

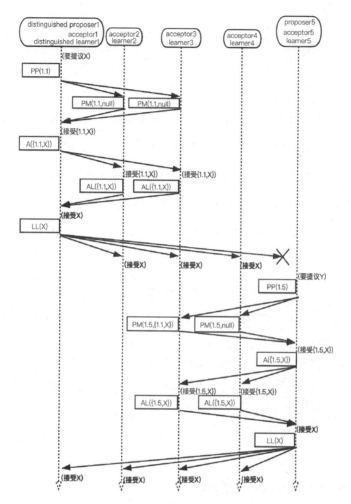

图 10.11　LLearn 消息丢失

表 10.10　选择值过程和学习值过程的整合

阶段	执 行 者	收到消息	执行条件	持久化存储	发送消息	发送目标
1（a）	proposer		n > p.tn	p.tn = n	PP(n)	大多数 acceptor
1（b）	acceptor	PP(n)	n > a.pn	a.pn = n	PM(n, a.{an,av})	回复 proposer
2（a）	proposer	PM(n,{n1,v})	从大多数 acceptor 收到消息		A({n,v})	同一批 acceptor
2（b）	acceptor	A({n,v})	n > a.pn	a.{an,av} = {n,v}	AL({n,v})	distinguished learner

阶段	执 行 者	收到消息	执行条件	持久化存储	发送消息	发送目标
3（a）	distinguished learner	AL({n,v})	从大多数 acceptor 收到消息		LL(v)	其他所有 learner
3（b）	learner	LL(v)				

整合后的过程就实现了一个完整的 consensus()方法：

```
v2 = consensus(v1); // 输入是 v1，输出是 v2
```

从表 10.10 可以看出，Paxos consensus 算法是一个三阶段算法。

值得注意的一点是，表 10.10 所示的只是 Paxos consensus 算法中的一种具体化过程，也就是在 Lamport 的论文基础上补充了一些他并未明确之处。当然，也存在其他具体化过程。

个人感受

Paxos consensus 算法中有很多未确定或者说未具体化的地方，这也是 Paxos consensus 算法比较难理解的地方。但这也是笔者个人比较喜欢 Paxos consensus 算法的地方，Paxos consensus 算法中的选择值过程就像武侠小说中的武功心法，而 Paxos consensus 算法是武功套路，你可以根据武功心法练出各种不同的套路。就像 C 语言，其语法规则很少，但是可以用它来构建任何系统。

10.4 Multi Paxos 算法

本节将系统讲解 Paxos 完整算法，但是为了方便读者理解，标题采用了"Multi Paxos 算法"。

10.4.1 多个实例

Paxos consensus 算法可以确定一个值，如果运行多个 Paxos consensus 算法，就可以确定多个值，将这些值排列成一个序列，这就是完整的 Paxos 算法。

运行的每一个 Paxos consensus 算法，被称为一个**实例**，为每一个实例都设定一个**实例编号**。

Paxos 算法，或者叫作 Multi Paxos 算法，就是多次运行 Paxos consensus 算法，形成多个实例的算法。

　　Paxos 完整算法可以有多种实现方式。接下来将介绍两种具体的完整 Paxos 算法，其中一种是独立实例运行的完整 Paxos 算法；另一种是只运行一次 prepare 消息的完整 Paxos 算法。无论哪种方式，Paxos 算法都会产生这样一个结果：类似于每个进程都会形成一个数组，数组中的每个元素都是一个达成一致的值。

10.4.2　独立实例运行的完整 Paxos 算法

　　我们先来介绍第一种完整的 Paxos 算法。

1. 算法简述

　　类似于 10.3 节中介绍的方法，我们具体化一些信息，可以得到实际的一个算法过程。当然，也存在其他具体化方式，产生的具体算法不尽相同。为了区分实例，我们在 Paxos consensus 算法的消息中添加一个实例编号，也就是 instanceid 参数，简写成 i，得到表 10.11。

表 10.11　添加了 instanceid 的消息表

阶段	执 行 者	发送消息
1（a）	proposer	prepare(i,n)
1（b）	acceptor	promise(i,n,{n1,v})
2（a）	proposer	accept(i,{n,v})
2（b）	acceptor	alearn(i,{n,v})
3（a）	distinguished learner	llearn(i,v)
3（b）	learner	

　　在表 10.10 所示的 Paxos consensus 算法的具体过程的基础上，使用表 10.11 中定义的消息，形成 Paxos 算法，得到表 10.12。

表 10.12　添加了 instanceid 的 Paxos consensus 算法

阶段	执 行 者	收到消息	执行条件	记 录	发送消息	发送对象
1（a）	proposer		n > p.array_tn[i]	p.array_tn[i] = n	PP(i,n)	大多数 acceptor
1（b）	acceptor	PP(i,n)	n > a.array_pn[i]	a.array_pn[i] = n	PM(i,n,a.{an,av}[i])	回复 proposer
2（a）	proposer	PM(n,{n1,v})	从大多数 acceptor 收到消息		A(i,{n,v})	同一批 acceptor
2（b）	acceptor	A(i,{n,v})	n > a.array_pn[i]	a.{an,av}[i] = {n,v}	AL(i,{n,v})	distinguished learner

阶段	执 行 者	收到消息	执行条件	记　　录	发送消息	发送对象
3（a）	distinguished learner	AL(i,{n,v})	从大多数 acceptor 收到消息	a.{an,av}[i] = {n,v}	LL(i,v)	其他所有 learner
3（b）	learner	LL(i,v)				

2．算法举例说明

算法举例说明，如图 10.12 所示。

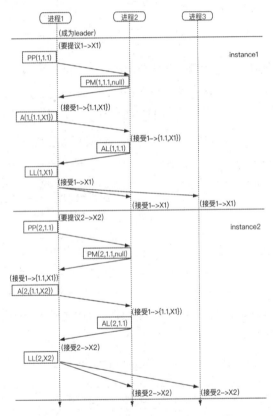

图 10.12　独立运行的 Paxos consensus 算法

从图 10.12 中可以看到，每个实例都需要 3 个阶段、5 个消息的传递，我们用横线来区分每个实例。不同于 10.3 节，我们在图 10.12 中添加了实例编号，1->X1 表示实例编号为 1 的实例的值为 X1，1->{1.1,X1} 表示实例编号为 1 的实例，这个实例的提议编号是 1.1，提议的值是 X1。

3. 脑裂处理

前面简述了 Paxos 完整算法，并且举例做了说明，但是这仅仅是算法的正常执行过程，在这个执行过程中会出现各种异常情况，接下来就讲解对这些异常情况的处理。

Paxos consensus 算法会保证即便有多个进程认为自己是 leader，也就是出现**脑裂**的行为，每个实例最终也只能有一个值被选中，如图 10.13 中的例子所示。

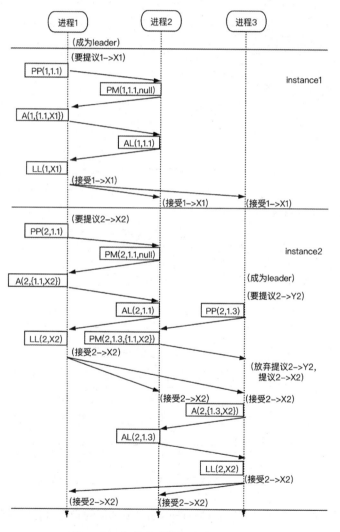

图 10.13 有多个进程认为自己是 leader

在图 10.13 所示的例子中，我们可以看到，在第二个实例开始的时候，"进程 3"也认为自己是 leader，同时开始准备对 instance2 提议自己的值，Paxos consensus 算法保证，instance2 只能有一个值被选中。在本例中，"进程 3"会放弃自己提议的 Y2，接受"进程 1"提议的 X2。

但是在这种情况下，"进程 1"不一定每次都会成功，也会出现失败的情况，我们用图 10.14 来举例说明。

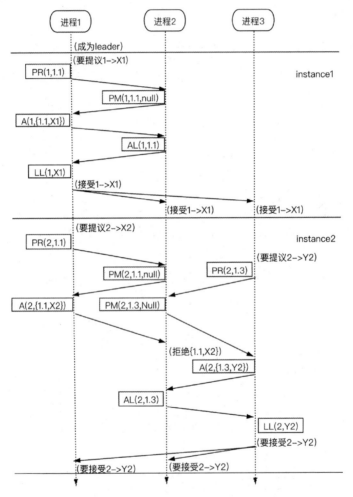

图 10.14　"进程 3"成为 leader 并且提议成功

在图 10.14 所示的例子中，"进程 1"在 instance2 的值的确定过程中并没有成功，最新认为自己是 leader 的"进程 3"在 instance2 的值的选择上取得了成功。

4．空洞处理

从上面的例子可以看到，在每个实例中，提议编号都是重新开始的，这也就意味着每个实例都是相互独立的。一个 leader 可以同时发起对多个实例的值的提议。也就是说，leader 不必等第一个实例的值确定后，再开始第二个实例，各实例之间是可以并发执行的。这可能会导致出现一种情况：如果在第一个实例的值的确定过程中出现消息丢失，或者某个消息延时，导致最终第一个实例的值没有确定，同时，leader 开始了第二个实例，并且第二个实例的值成功确定，那么第一个实例的值是空的，而第二个实例的值是确定的。这种情况被称为**空洞**。

如果 leader 发现某个消息在一定的时间内没有得到回复，那么 leader 可以重发这个消息，重复的消息对 Paxos 的正确性是没有影响的。这里就不举例说明了。通过重发机制，空洞最终会被填补上。

如果在 leader 重发消息前，另一个进程成为新的 leader，则情况会有所不同。如果旧的 leader 的提议已经被接受，那么新的 leader 会继续保持这个提议；如果旧的 leader 的提议还没有被接受，则新的 leader 可以提议一个新的值，也就是图 10.13 和图 10.14 所描述的情况。不管怎样，这个空洞都会被填补上。

5．代码抽象

独立实例运行的完整 Paxos 算法可以被描述成如下代码片段，其中 consensus()方法就是我们在 10.3 节中讲的 Paxos consensus 算法。

```
for(i = 0 ... n)
{
    v[i]=consensus(i,x[i]);
}
```

10.4.3　只运行一次 prepare 消息的完整 Paxos 算法

本节介绍第二种完整的 Paxos 算法，在这种算法中，只运行一次 prepare 消息。从 10.4.2 节的例子可以看出，在没有多个 leader 出现的情况下，每个实例都要经历 3 个阶段（其中有 5 个消息的传递），其值才能成功确定。在有多个进程都认为自己是 leader 的情况下，不管是图 10.13 中的例子还是图 10.14 中的例子，实例都要经历超过 3 个阶段，使用更多的消息才能确定实例的值。

在实际工程中，上面过程的性能开销比较大，往往需要经过优化。Lamport 在论文中给出了一个非常重要的优化点，下面就讲解 Lamport 的这个优化点，以及经过优化后形成的另外一种完整的 Paxos 算法。

1. 算法简述

分析前面所讲的独立实例运行的完整 Paxos 算法，可以总结出这样一条规律：每个实例都是相互独立的，且从头开始编号运行，而且到第二阶段才开始提议具体的值，相当于每个实例的 prepare 阶段都是相同的，所以 leader 可以为所有的实例发送一个共同的 prepare 消息，也就是所有的实例共用第一阶段。

图 10.15（a）中有 3 个实例，其实每个实例都是相互独立的，甚至可以认为它们像图 10.15（b）所示的一样并行运行。让每个实例都共用一个 prepare 消息，像图 10.15（c）所示的一样运行——运行共同的第一阶段后，就可以顺序地运行各实例各自后面的阶段了。

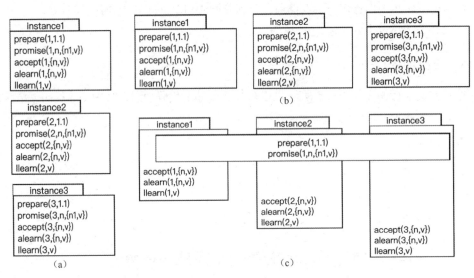

图 10.15　使用同一个 prepare 消息

2. 算法举例说明

从前面的"算法简述"中可以看到，算法中 prepare(1,1.1)消息中的提议编号 1.1，不再是仅仅针对实例编号为 1 的这个实例，而是针对实例编号大于 1 的所有实例。下面举例说明，如图 11.16 所示。

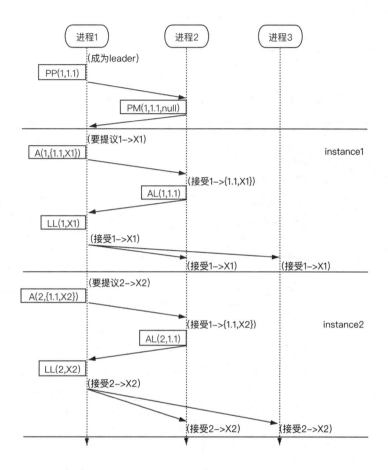

图 10.16 共用第一阶段

在图 10.16 中，"进程 1"认为自己是 leader，发起第一阶段，成功之后发送第一个实例的 accept 消息，这个实例运行完之后，"进程 1"不再发送 prepare 消息，而是直接发送第二个实例的 accept 消息，运行第二个实例。

3. 脑裂处理

接下来，我们介绍在只运行一次 prepare 消息的算法中，如何处理异常行为。

如同前面讲解的独立实例运行的完整 Paxos 算法一样，可能会有多个进程认为自己是 leader 的情况，也就是出现脑裂的行为，如图 10.17 中的例子所示。

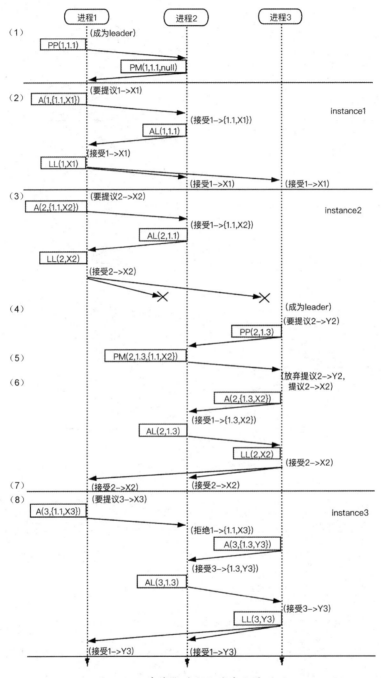

图 10.17　有多个进程认为自己是 leader

对图 10.17 所述的过程解释如下：

（1）"进程 1"认为自己是 leader，发起第一阶段。

（2）成功后，发送 accept 消息成功，运行第一个实例。

（3）"进程 1"运行完第一个实例后，继续运行第二个实例，并且成功确定第二个实例的值为 X2，但是 LL 消息丢失。

（4）"进程 3"没有收到任何关于第二个实例的消息，"进程 3"开始认为自己是 leader，并且想把第二个实例的值提议成 Y2，生成新的提议编号 1.3，发起第一阶段，"进程 3"给"进程 2"发送 prepare 消息。

（5）"进程 2"已经接受了第二个实例的提议{1.1,X2}，但是当"进程 2"收到"进程 3"发来的提议编号 1.3 时，"进程 2"会对提议编号 1.3 做出承诺，并且把提议{1.1,X2}回复给"进程 3"。

（6）"进程 3"收到提议{1.1,X2}后，会放弃把第二个实例的值提议成 Y2 的意图，采纳提议{1.1,X2}中的值 X2，生成一个新的提议{1.3,X2}，运行第二个实例后面的步骤。

（7）虽然之前"进程 1"和"进程 2"已经接受了值 X2，但是它们仍然会接受新的提议{1.3,X2}，然而不会产生任何变化。

（8）"进程 1"运行第三个实例会被拒绝，"进程 3"运行第三个实例会被接受。

在这种情况下，还有另外一种可能，就是"进程 3"提议的 Y2 会生效，而"进程 1"提议的 X2 不会生效，我们来看图 10.18。

在图 10.18 中，"进程 3"的 prepare 消息先于"进程 1"的 accept 消息到达"进程 2"，"进程 2"就会先承诺"进程 3"的新编号 1.3，而不会接受"进程 1"的新提议{1.1,X2}，那么"进程 1"的第二个实例就不能形成大多数，后续"进程 3"提议的 Y2 就会成为第二个实例的值。

第一阶段被多个实例共用，也就意味着第一阶段产生的提议编号也被多个实例共用，那么提议编号就不能在每个实例中都重新编号了（比如从 1 开始重新编号）。从前面的例子可以看出，每个进程成为 leader 后都会重新执行第一阶段，在第一阶段会重新生成一个新的提议编号，只要进程一直认为自己是 leader，就会保持提议编号不变。在第二阶段，如果 accept 消息失败，则进程要么放弃认为自己是 leader，要么继续认为自己是 leader，选择一个新的提议编号，重新执行第一阶段。

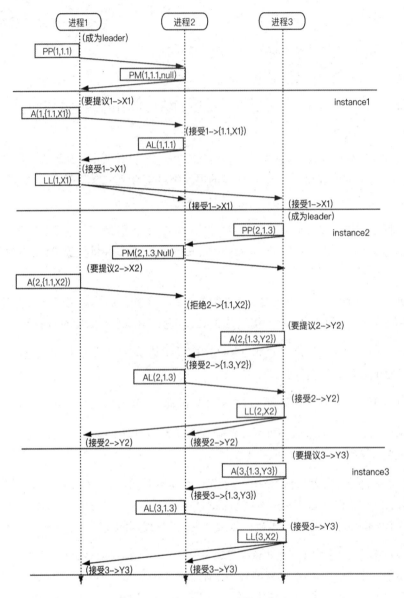

图 10.18 新的 leader 的提议生效

4．空洞处理

采用共用第一阶段，leader 在执行完第一阶段后，仍然可以同时发起多个实例的 accept 请求，因此也会出现空洞问题。与独立实例运行的完整 Paxos 算法类似，可以通过重试把空洞填补上。从前面的例子可以看出，如果有新的 leader 出现，则新的 leader 要么替旧的 leader 完成剩下的工作，也就是继续提议旧的 leader 要提议的值；要么提议一个新值。到底执行两者中的哪一个，要看新的 leader 在什么时间点执行 prepare 阶段。

5. 代码抽象

讲解完共用第一阶段的内容后，我们可以把这种共用 prepare 阶段的 Paxos 算法抽象成如下伪代码：

```
for(i = 0 ... n )
{
    proposer.propose(i);

    while(i++)
    {
        proposer.accept(i, x[i]);
        v[i]=learner.learn();
        if(failed)
            break;
    }
}
```

个人感受

笔者认为 Paxos 算法简单但不好理解。Lamport 认为 Paxos 算法非常简单，这也是为什么他把第二篇论文命名为"Paxos Made Simple"的原因。之所以说它简单，是因为 Paxos 算法的核心相对来说还是比较简单的，Lamport 仅仅用了一百多个词就把它准确地描述出来了；但是简单并不等于好理解，Paxos 算法比较难于理解的原因在于完整的 Paxos 算法。Lamport 在"The Part-Time Parliament"和后续的"Paxos Made Simple"这两篇论文中，对完整的 Paxos 算法的描述都不甚详尽，缺少了很多实现细节，如果要想实现 Paxos 算法，很多细节都需要读者自己补齐，不容易形成完整的算法。如果仅仅理解算法的核心部分，还不能应用于实际当中。核心部分是在解决共识问题，而共识问题不是一个实际的问题，它是很大一类分布式问题的高度抽象，实际中不存在共识问题。Lamport 将他的这个共识（consensus）算法应用于状态机中，用来解决分布式系统中常见的故障容忍（fault-tolerant）问题。

10.5　复制状态机

讲解完 Paxos consensus 算法和 Paxos 算法（或者叫 Basic Paxos 和 Multi Paxos）后，我们来继续讲解如何将算法应用到实际中。在实际中，Paxos 算法的一种应用就是实现复制状态机。在 Lamport 的 "Paxos Made Simple" 论文中，就使用了 "实现状态机" 作为完整 Paxos 算法这部分的标题。

我们先来看看什么是状态机。**状态机（state machine）**是构建服务的一种常见方法。服务具有一个初始状态，服务接受**动作（action）**，服务每接受一个 action，内部状态就发生一次迁移，达到一个新的状态。例如一个数据库服务，它接受一个 x=3 的 action 后，数据库的内部状态就从 x=0 迁移到 x=3。这时如果这个数据库服务接受一个查询，客户端就能知道 x=3 这个事实。当数据库服务又接受一个 x=5 的 action 时，数据库的内部状态就从 x=3 迁移到 x=5，客户端发起查询，就能知道 x=5。状态机自己具有状态，当执行一个输入的命令时，会产生一个输出结果，并且把状态机带入一个新的状态。**确定状态机（deterministic state machine）**中所有的命令都会产生确定的输出结果，并且把状态机带入一个确定的状态。比如，x = current_time() 就不是一个确定的命令，在不同的时间执行它，就会让状态机进入不同的状态。

为了达到高可用、故障容忍，服务冗余是常见的手段。采用状态机模式的服务，实现冗余的方式就是在多台机器上部署这个服务，也就是可以使用一组 server，每一个 server 都独立部署一个状态机，每个状态机都会以相同的顺序执行所有客户端的命令。因为是确定状态机，如果所有的 server 都执行相同序列的命令，那么它们会产生相同序列的状态和结果，让这些服务具有相同的状态。我们称这样的状态机为**复制确定状态机（replicated deterministic state machine）**，一般简称为**复制状态机（replicated state machine）**。复制状态机是分布式领域常用的一种技术。

我们用图 10.19 来说明复制状态机。

在图 10.19 中，3 台服务器都是确定状态机，它们会执行客户端（client）发来的命令，客户端会按照顺序发送所有的命令，并且对于每个命令，客户端都会按照相同的顺序发送给所有的服务器。最终，3 台服务器会达到相同的状态，即便 server1 发生宕机，客户端也仍然能从 server2 和 server3 上获得命令的执行结果。

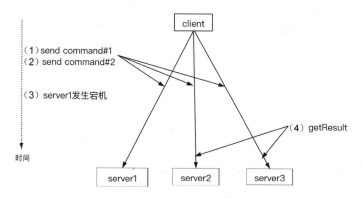

图 10.19 客户端驱动复制状态机

但是显然，让客户端确保将所有的命令按照相同的顺序发送给所有的服务器，并不那么容易，这个工作通常是由服务器来完成的。图 10.20 展示了服务器端实现某种复制机制来完成这个工作。

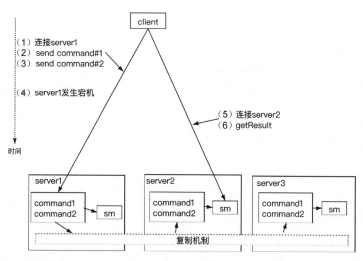

图 10.20 服务器端驱动复制状态机

在图 10.20 中，客户端（client）连接 server1，向 server1 发送命令，server1 按照接收到的顺序在状态机（在图 10.20 中为 sm）上执行所有命令。并且服务器之间存在一种机制——把 server1 上的所有命令复制到其他服务器上，其他服务器也会按照同样的顺序在自己的状态机上执行所有命令。当 server1 发生宕机后，客户端可以转而连接 server2，从 server2 的状态机上取得结果。

服务器之间的这种复制机制的实现方法有很多，可以采用 Paxos 算法，也可以采用 Raft 算法（见第 11 章）和 Zab 算法（见第 12 章）。

10.6 Paxos 算法与复制状态机

本节讲解如何通过 Paxos 算法实现复制状态机。

10.6.1 Paxos 算法实现复制状态机

为了保证所有的服务器都执行相同序列的状态机命令，我们实现一系列 Paxos consensus 算法的实例，其中第 i 个实例所选择的值就是第 i 个状态机的命令。一台服务器被选出作为 leader，客户端发送命令给 leader，leader 决定每一个命令应该出现在什么位置。例如，如果 leader 决定某个客户端命令应该是第 135 个命令，那么 leader 会试图让这个命令被选成 Paxos 算法的第 135 个实例的值。过程如图 10.21 所示。

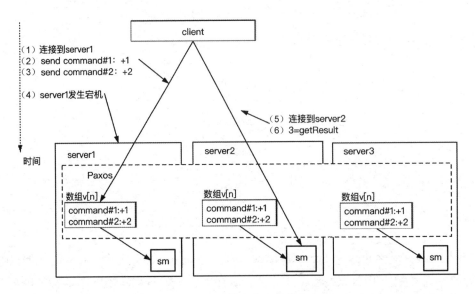

图 10.21　Paxos 算法实现复制状态机

10.6.2　空洞处理

前面讲过，Paxos 算法允许多个实例同时运行，这会导致空洞的出现，但是算法可以保证在后面的执行中把空洞填补上。然而，这种填补仍然会影响复制状态机的执行，如果采用 Paxos 算法实现复制状态机，还需要对并发实例和空洞做进一步的处理。

因为状态机要按照顺序执行所有命令，所以我们可以采用最粗暴的串行方式，leader 严格按顺序执行 Paxos 算法，也就是在没有确认上一个 Paxos 实例成功时，不开始执行下一个 Paxos 实例。但是，即便严格按顺序执行 Paxos 算法，也仍然不能完全避免空洞的出现，因为空洞可能出现在非 leader 的进程上。例如，在某个非 leader 的进程上，关于某个实例的所有消息都丢失了，而下一个实例的所有消息又都收到了，那么就会出现空洞。所以，即便 leader 严格按顺序执行 Paxos 算法，非 leader 的进程也仍然需要一种机制处理空洞。

这种处理空洞的机制非常简单，就是所有进程都要严格按照命令序列执行每一个命令，如果在某个命令序列位置未发现值，也就是出现了空洞，则状态机不会继续执行，它会一直等待这个位置被填入值，即便在这个空洞之后的位置上有命令，状态机也不会继续执行。

有了这种机制后，空洞将不再影响状态机的正确性，即便在 leader 并发执行多个实例的情况下也没影响，比如，leader 并发执行位置 1、2、3 上的三个命令的 Paxos 实例，第一个和第三个命令成功被接受，第二个命令因为消息丢失没有被接受。按照这种机制，所有进程都仅仅在各自的状态机上执行了第一个命令，包括 leader 的状态机。这时另外一个进程被指定为新的 leader，新的 leader 会在位置 2 的实例上填入一个全新的命令，并且被接受了，那么所有进程都会在状态机上执行新的 leader 的这个命令，并且执行完后，开始执行旧的 leader 的第三个命令。所有进程的状态机仍然是保持一致的。

在具体的算法实现中，对于上面这种情况，新的 leader 往往是向这个空洞里填入一个空操作命令，这个空操作是不会对状态机产生任何影响的，有了这个空操作，状态机就可以继续执行空洞后面的操作了。

另外，实例的并发执行也并不是没有任何条件，如果想要并发执行，所有命令之间就不能有任何关系。比如后一个命令依赖前一个命令的成功执行，在这种情况下，最好还是严格按照顺序来执行 Paxos 实例。

10.7 原子广播

原子广播也是一种非常常见的分布式技术。本节就来介绍原子广播。

10.7.1 原子广播协议

原子广播（atomic broadcast）协议用于把消息（message）向广播对象进行广播，并且保证消息能够被可靠地收到，且所有广播对象以相同的顺序收到。

10.7.2 原子广播的模型

原子广播可以用来构建分布式系统，这类分布式系统有很多不同的进程，如果其中某个进程希望广播一条消息，这条消息被抽象成一个**值**（value），其他进程能接收到这个值。也可以说，这个值被**投递**（deliver）到其他进程上，或者说一个进程希望提交自己的值，并且能够同时接收其他进程提交的值。原子广播可以被看作一个**黑盒**，这些进程通过这个黑盒完成值的提交和接收。我们将这些进程称为**客户端**（client）。

原子广播协议通常被定义为包含以下两个动作（action）原语（primitive）。

- ABroadcast(v)：广播动作，当客户端想广播值 v 时，它可以调用这个动作。
- v=ADeliver()：投递动作，客户端通过这个动作接收其他客户端提交的值。这个动作一般是一个回调，当有值要被接收时，客户端会被回调。

我们将这个模型描述成如图 10.22 所示。

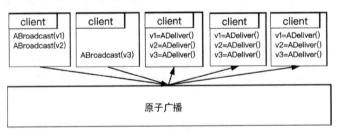

图 10.22 原子广播的模型

在图 10.22 中，存在 5 个进程作为广播的客户端，其中第 1 个 client 和第 2 个 client 在广播，第 1 个 client 先后广播了值 v1 和值 v2，第 2 个 client 广播了值 v3。其他 3 个客户端接收到了 3 个值，也就是有 3 个值被投递到了这 3 个进程上。

这个模型中的原子广播黑盒是一个逻辑上的黑盒，可以被实现成独立的进程，也可以被实现在客户端进程中，或者是两种实现方式的组合。

10.7.3　原子广播的特性

从原子广播的定义可以看出，原子广播保证：如果有一个进程调用了广播动作（即 ABroadcast），那么所有客户端的投递动作（即 ADeliver）一定会被调用，并且调用 ADeliver 动作的顺序一定与调用 ABroadcast 动作的顺序相同。

10.8　Paxos 算法与原子广播

我们可以使用 Paxos 算法来实现原子广播，当然，原子广播协议也可以不基于 Paxos 算法来实现。本节讲解通过 Paxos 算法实现原子广播。

10.8.1　Paxos consensus 实例与原子广播

前面的 10.6 节讲解了基于 Paxos 算法的复制状态机的实现，基于 Paxos 算法的原子广播的实现与其类似。基于 Paxos 算法的原子广播也是通过执行一个 Paxos consensus 实例序列来实现的，每个实例都使用一个唯一且单调递增的编号来标识，这个编号被称为**实例编号**（instance identificator，iid）。每个 Paxos consensus 实例都是一个要广播的值，Paxos consensus 算法保证广播是原子的，所有客户端一定会收到同一个值。按照实例的顺序投递值能保证全局有序。如图 10.23 所示，原子广播黑盒内部被实现成一个 Paxos consensus 实例序列。

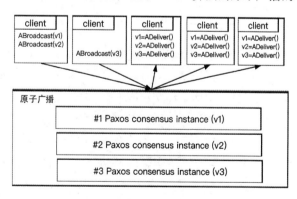

图 10.23　原子广播的实现

10.8.2　Paxos 的角色与原子广播

在基于 Paxos 算法的原子广播的实现中，原子广播黑盒内部由一组进程组成。客户端进程和这些黑盒里的进程会承担 Paxos 协议中逻辑角色中的一个角色，或者是几个角色的组合，也可以不承担任何角色（Paxos 的角色在前面 10.3.2 节中讲解过）。

图 10.24 给出了一种可能的实现方式。当然，角色和进程的组合不止这一种实现方式。

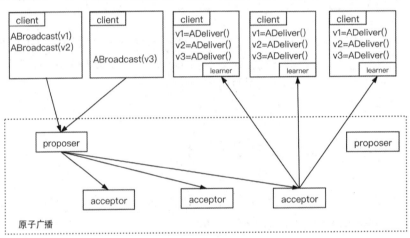

图 10.24　Paxos 的角色与原子广播

在图 10.24 所示的例子中，一共有 10 个进程，其中 2 个承担了 proposer 角色，3 个承担了 acceptor 角色，3 个承担了 learner 角色并作为 client，2 个没有承担任何角色仅作为 client。3 个 Paxos 的角色在原子广播协议中承担的作用如下。

- learner：learner 角色在客户端进程中。learner 的任务是监听 acceptor 的决定。只要 learner 意识到大多数 acceptor 在一个实例上已经达成共识，learner 投递这个值，即可完成对 ADeliver() 这个动作接口的回调。
- acceptor：在原子广播黑盒进程中，对值的选择达成大多数共识。
- proposer：客户端进程通过 ABroadcast 接口接收要广播的值，然后将收到的值发送给原子广播黑盒进程中的 proposer，proposer 接收客户端发来的值，发送给 acceptor，让 acceptor 做决定。

为了保证 progress，也要保证在同一时刻最好只有一个 proposer 在向 acceptor 提交值。为了这个目的，把其中一个 proposer 认命为 coordinator 或者 leader。

参考文献

[1] Lamport L. The Part-Time Parliament. ACM Transactions on Computer Systems, 1989.

[2] http://lamport.azurewebsites.net/pubs/pubs.html.

[3] Lampson B. How to Build a Highly Available System Using Consensus. WDAG '96: Proceedings of the 10th International Workshop on Distributed Algorithms, 1996.

[4] Lampson B, Prisco D. Revisiting the PAXOS algorithm. Theoretical Computer Science, 1997.

[5] Lamport L. Paxos Made Simple. ACM SIGACT News (Distributed Computing Column), 2001.

第 11 章
复制日志算法 Raft

Raft 是一种用来管理复制日志的算法。本章将介绍 Raft 算法的细节。

11.1 Raft 是复制日志的算法

除了前面 10.5 节介绍的复制状态机和 10.6 节介绍的基于 Paxos 实现的复制状态机，在分布式系统中还有一种常见复制状态机的抽象，就是把具有一定顺序的一系列 action 抽象成一条日志（log），每个 action 都是日志中的一个**条目**（entry）。如果想使每个节点的服务状态相同，则要把日志中的所有 entry 按照记录顺序执行一遍。所以复制状态机的核心问题就变成了让每个节点都具有相同的日志的问题，也就是把日志复制到每个节点上的问题。因此，这个问题也被称为**复制日志**（replicated log）问题。

Raft 就是用来实现复制日志的一种算法，该算法会：

- 生成一条日志。
- 把这条日志复制到所有节点上。
- 把日志的 entry 应用到状态机上。

每个状态机都以相同的顺序执行相同的命令，最终每个状态机都会达到相同的状态。Raft 实现了节点之间的复制日志，每条日志的内容就是一个命令，如图 11.1 所示。

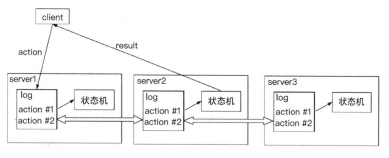

图 11.1　日志复制

11.2　Raft 算法的组成

Raft 算法的所有节点中会有一个节点作为**领导者**（leader），其他非 leader 的节点被称为**跟随者**（follower）。leader 负责接收客户端的请求，根据请求生成日志，把日志复制到所有节点上，并且判断是否适合把日志应用到状态机中。我们将这个过程称作**复制**（replication）过程。

除了复制过程，Raft 还包括一部分：如果 leader 发生宕机等异常情况，其他节点需要成为新的 leader，继续履行 leader 的职责。我们将这个过程称作**选举**（election）过程。

此外，在选举后，还需要处理异常带来的各种影响，也就是进行**异常处理**。

总体来说，Raft 算法可以分解为复制、选举、异常处理三个部分。

Raft 采用 RPC（Remote Procedure Call，远程过程调用）实现节点间的通信，包括复制过程、选举过程和异常处理都通过 RPC 来实现。

11.3　复制过程

对复制过程解释如下：

（1）当 leader 收到客户端的请求后，它会将这个请求作为一个 entry 记录到日志中。leader 会将新 entry 记录到日志的最后，或者说**追加到末尾**（append）。日志中的每个 entry 都有一个**索引**（index），index 是一个连续的整数，每追加一个 entry，index 就会加 1。

（2）leader 在完成 append 操作后，会并行向所有的 follower 发起 AppendEntries RPC， follower 收到 AppendEntries 调用后，将请求中的 entry 追加到自己的本地日志中，并回复 leader 成功。

（3）leader 收到大多数 follower 的成功回复后，这个 entry 就被 leader 认为达到**提交**（committed）状态，leader 将这个 entry 应用到状态机中，并且 leader 会回复客户端这次请求成功。对于没有回复的 follower，leader 会不断地重试，直到调用成功。

此时，follower 只是把这个 entry 追加到日志中，并没有应用到状态机中。Raft 在下面两个时机会通知 follower 这个 entry 已经处于 committed 状态。

- 当 leader 处理下一个客户端的请求时，leader 会将下一个 entry 复制到所有 follower 的请求中，带上 committed 状态的 entry 的 index，follower 将下一个 entry 追加到日志中，同时会将这个 entry 应用到状态机中。
- 如果暂时没有新的客户端请求，则 Raft 会将 committed 状态的 entry 的 index 信息随着心跳发送给所有 follower。

当 follower 通过上面两种方式知道 entry 已经提交后，它会把 entry 应用到状态机中。

这样的复制过程有一个特性：即使少数节点变慢或者网络拥堵，也不会导致这个过程变慢。

11.4　选举过程

如果出现诸如 leader 发生宕机这样的情况，则需要从 follower 中选出一个新的 leader，也就是执行选举过程。

11.4.1　选举的基本条件

具体来讲，发生选举的条件是：在一定的时间内，没有收到 leader 的日志复制请求，包括心跳请求，即发生**超时**（timeout）。

如果上面的条件满足了，则节点会进入 candidate 状态，candidate 是处于 candidate 状态的节点，也就是想要成为 leader 的节点。相对应地，leader 是处于 leader 状态的节点，follower 是处于 follower 状态的节点。

candidate 会给其他所有的节点发送**投票请求**（通过 RequestVote RPC），要求其他节点同意自己成为新的 leader。

154

收到投票请求的 follower，会检查这个 candidate 是不是符合条件：candidate 的 index 要比自己的大。

如果满足这个条件，则回复同意；如果不满足，则回复不同意。如果 candidate 得到大多数 follower 同意的话，那么它就顺利成为新的 leader。

11.4.2　任期

上面讲的是基本的选举过程，实际的选举过程要处理下面两个问题。

问题一：所有 follower 都发现 leader 宕机，因此都转变为 candidate，多个 candidate 抢夺 leader 的地位。因为多个 candidate 同一时刻发起投票，瓜分了 follower（每个 follower 只能投一个 candidate），甚至大家都是 candidate，没有 follower。多个 candidate 都想成为 leader，剩下处在 follower 状态的节点形成不了大多数，这时 candidate 会一直等待，直到超过一定时间后，最后选举失败。为了选出新的 leader，需要重新选举，并区分新旧选举的请求。

问题二：除了发生 leader 宕机，还有其他情况要处理。比如 leader 宕机后又恢复了，发生网络分区，这种情况要比 leader 宕机复杂，因为在宕机恢复和网络分区恢复后，集群中可能会出现两个 leader，也就是出现**脑裂**问题。我们需要区分出新旧两个 leader，并且阻止旧的 leader 参与集群活动。

Raft 采用**任期**（term）来解决上面的两个问题。每个节点都用一个整型数字来保存任期，每次开始新的选举，任期都加 1。

从全局逻辑来理解，在 Raft 中，时间被分为很多个任期，每个任期都从一次选举开始。如果一个 candidate 在选举中获胜，那么在这个任期内，这个 candidate 将成为 leader。如果没有 leader 被选出，则开始一个新的任期，重新进行选举。如图 11.2 所示，term

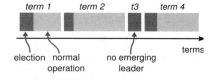

图 11.2　Raft 任期（此图参考 Raft 论文[1]）

1 开始于一次选举（election），这次选举成功，开始正常的操作，term 2 有同样的过程，在 term 3（在图 11.2 中简写为 t3）选举失败，没有 leader 被选出，所以开始 term 4，在 term 4 选举成功。

接下来，我们看看如何通过任期来解决上面讲的两个问题。

"问题一"的解决

我们先通过一个例子来说明任期的作用。假如有两个节点 A 和 B，它们的任期都为 1，这两个节点都转变为 candidate，开始选举，两个 candidate 都没有达到大多数同意，这时节点 A 先发生超时，节点 A 会把它的任期加 1，成为 2，重新开始一次选举。各节点都会无条件优先接受更大的任期的请求，所以节点 A 这次会得到大多数节点的同意，成功成为 leader。

但是存在一种特殊的情况，就是节点 A 和 B 同时开始选举，都没有达到大多数同意，节点 A 和 B 同时超时，又同时开始新的选举，又都没有达到大多数同意，又同时失败，这样就会反复地进行下去，没有休止。Raft 通过一种非常简单的方法解决了这个问题，就是在选举失败后、开始新的选举前，随机等待一段时间（这种方法被称为**随机回退**），那么节点 A 和 B 再次同时开始选举的可能性就大大降低了。

然而，采用随机回退方法仍然可能存在一种特殊的情况，就是节点 A 被选举成为 leader，节点 B 在选举中失败，节点 B 把自己的任期加 1，开始新的选举，成功地成为 leader，节点 A 连续两次新的选举后，以更大的任期成为新的 leader，节点 B 也再次连续两次新的选举后成为新的 leader，节点 A 和 B 就这样无限地循环下去。虽然出现这种情况的可能性非常小，但是理论上是存在的，称之为**活锁**（这个活锁与 10.3.3 节讲的 Paxos 算法中的活锁类似）。在实际中这种情况发生的概率很小，所以会被忽略不计。

"问题二"的解决

leader 的任期会被包含在所有的请求（包括复制请求和心跳请求）中，其他节点收到请求，如果请求中的任期比自己的大，则用请求中的任期更新自己的任期，在选举结束后，所有节点的任期最终都会统一成 leader 的任期。如果收到的请求中的任期比自己的小，则会拒绝这个请求。

对于 leader 宕机后又恢复或者网络分区恢复这样的情况，由于联系不上 leader，follower 会转变成 candidate，把自己的任期加 1，开始选举，并且成为新的 leader，新的 leader 具有更大的任期，所有投票给新的 leader 的节点的任期和 leader 的任期是一样的。当 leader 宕机恢复或者网络分区恢复后，旧的 leader 仍然在运行，但是它给其他节点发送请求不会形成大多数，因为大多数节点都具有更大的任期。一旦新的 leader 发送请求给旧的 leader，旧的 leader 就会发现有更大的任期存在，它会主动转变为 follower，并且更新自己的任期为新的 leader 的任期。

11.4.3 完整的选举过程

下面总结前面所讲的内容，对选举过程进行描述。完整的选举过程如图 11.3 所示。

（1）节点启动时处于 follower 状态。

（2）该节点在一段时间内没有收到任何请求，则发生超时，其转变为 candidate。

（3）candidate 增加自己的任期，开始新的选举，向所有节点发送投票请求。candidate 发出投票请求后，会有三种结果：

- （3.1）没有得到大多数节点的同意，本次选举超时，开始新的选举。
- （3.2）得到大多数节点的同意，成为新的 leader。
- （3.3）收到其他节点的请求，其任期与自己的相同，说明其他 candidate 已经在这次选举中得到大多数 follower 的同意，成为 leader，这时这个 candidate 会退回到 follower 状态；或者请求中包含更大的任期，这个 candidate 也退回到 follower 状态。

（4）在 leader 收到的请求中包含更大的任期，leader 转变为 follower 状态。

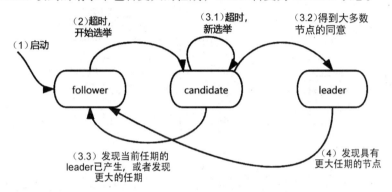

图 11.3　完整的选举过程

11.5　异常处理

上面介绍的选举过程，虽然使集群从 leader 宕机和网络分区中恢复回来，重新选出了新的 leader，但是这些异常情况已经给集群带来了影响，导致各节点上的数据不一致。本节就来讲解这种不一致异常及其处理方式。

在介绍数据不一致异常之前，先来讲讲日志的格式。日志中的每个 entry，除了记录 index，还记录了当前的任期，也就是这个 entry 是在哪个任期被追加到日志中的。

11.5.1　不一致异常

我们通过图 11.4 所示的例子来说明不一致的情况（这个例子参考 Raft 论文[1]）。

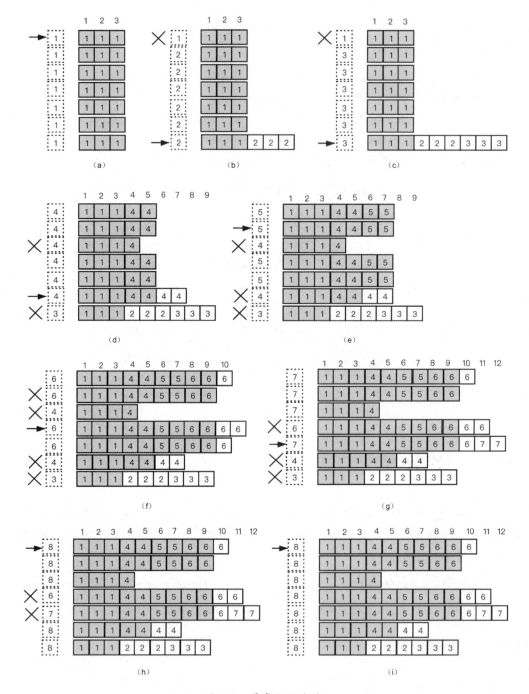

图 11.4　异常处理（1）

如图 11.4 所示，这是一个有 7 个节点的 Raft 集群，从图（a）到图（h），随着时间的推移，集群的 leader 在不断地切换。

- 图（a），节点 1 是 leader（箭头所指），节点 1 的 term=1，且在 term=1 时写入了三个 entry，这三个 entry 被复制到其他节点上。
- 图（b），节点 1 发生宕机，节点 7 成为 leader，之后立刻发生了网络分区。虽然发生了网络分区，但是节点 7 继续写入了三个 entry，然而这三个 entry 没有被复制到其他节点上。
- 图（c），节点 7 发生重启，重启完成后网络分区也恢复了，并且节点 7 又成为 leader，之后马上又发生了网络分区，但是节点 7 继续写入了三个 entry，同样，这三个 entry 没有被复制到其他节点上。
- 图（d），先后发生下面三件事情：
  - 节点 1 恢复，节点 7 宕机，节点 6 被选举成为 leader，在 index=4 的位置写入了一个 entry，这个 entry 被成功地复制到所有的节点上。
  - 之后，节点 3 发生宕机，节点 6 继续在 index=5 的位置写入一个 entry，这个 entry 被成功地复制到除节点 3 之外的其他节点上。
  - 之后，节点 6 发生网络分区，但是节点 6 继续写入了两个 entry，然而这两个 entry 没有被复制到其他节点上。
- 图（e），节点 6 发生宕机，节点 2 成为 leader，它写入了两个 entry，这两个 entry 被成功地复制到所有活着的节点上。
- 图（f），先后发生下面三件事情：
  - 节点 2 发生重启，节点 4 成为 leader，节点 2 重启后成为 follower，节点 4 写入了两个 entry，这两个 entry 被成功地复制到其他节点上。
  - 之后，节点 2 宕机，节点 4 在 index=10 的位置写入了一个 entry，这个 entry 被复制到节点 1 和节点 5 上。
  - 之后，节点 4 发生网络分区，但它继续在 index=11 的位置写入了一个 entry。
- 图（g），节点 4 发生宕机，节点 2 和节点 3 从宕机中恢复，节点 5 成为 leader，之后立刻发生了网络分区，但节点 5 仍然写入了两个 entry。
- 图（h），节点 5 发生宕机，节点 6 和节点 7 恢复，节点 1 成为 leader。
- 图（i），节点 3 和节点 4 恢复。

经过这么多轮的选举，最终集群中每个节点的日志与最终 leader（节点 1）的日志都不一致，存在以下三种情况：

- 比 leader 少，节点 2 和节点 3 属于这种情况。

- 比 leader 多，节点 4 和节点 5 属于这种情况。
- 比 leader 多一部分，又比 leader 少一部分，节点 6 和节点 7 属于这种情况。

11.5.2　一致性检查

Raft 算法强制要求所有 follower 保持与 leader 一致，也就是说，不一致的部分要丢弃，替换成 leader 相应的部分。所有已提交的 entry 都会被包含在 leader 中，强制 follower 保持与 leader 一致，就是强制 follower 把缺少的已提交的 entry 补齐；而对于没有提交的 entry，因为还没有给客户端回复 ack，所以既可以按照成功处理，也可以按照不成功处理——按照成功处理就是保留，按照不成功处理就是丢弃。Raft 算法的策略是新的 leader 上所有未提交的 entry 保留，其他节点上未提交的 entry 丢弃。

Raft 算法通过名为**一致性检查**（consistency check）的过程强制 follower 保持与 leader 一致。虽然这个过程的名字叫检查，但其实可以认为它是一个恢复的过程。

新的 leader 并不会专门启动一个一致性检查的过程。当 leader 发起 AppendEntries RPC 发送一个新 entry 时，会在请求中包含新 entry 前面一个 entry 的 index 和任期，如果 follower 在自己的日志中没有找到对应的 index 和任期，则拒绝这个新 entry。如果 leader 发现 AppendEntries 调用失败，则把前一个 entry 通过 AppendEntries 发送给 follower；如果还失败，则发送再往前一个 entry，直到 AppendEntries 调用成功。如果 AppendEntries 调用成功，则说明 leader 和 follower 的日志已经达到一致的状态，leader 从这个 entry 开始往后逐个调用 AppendEntries。

11.5.3　不提交旧的 leader 的 entry

前面讲过，leader 会保留未提交的 entry，但是需要注意的是，新的 leader 并不会试图提交这些未提交的 entry，而是继续追加新 entry，当新 entry 达到提交状态时，则会自动提交前面未提交的 entry。我们用图 11.5 所示的例子来说明（这个例子参考 Raft 论文[1]）。

如图 11.5 所示，这是一个有 5 个节点的 Raft 集群。

- 图（a），节点 1 成为 leader（箭头所指），写入一个 entry，并将这个 entry 复制到所有节点上。
- 图（b），节点 1 发生重启，重启后仍然被选为 leader，写入第二个 entry，但是这个 entry 仅仅被复制到节点 2 上。

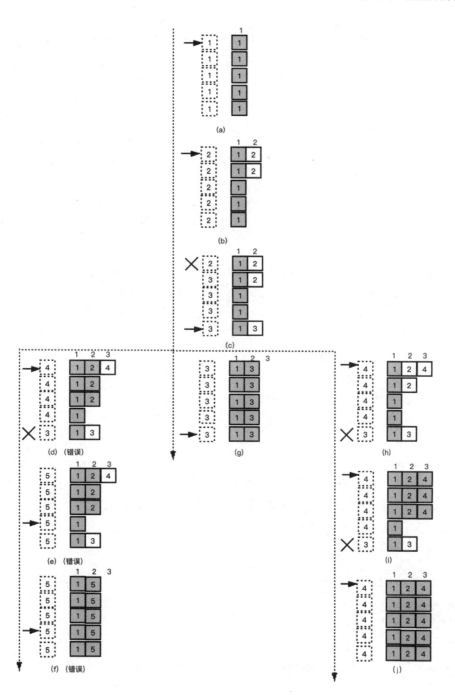

图 11.5　异常处理（2）

- 图（c），节点 1 发生宕机，节点 5 被选为 leader，节点 5 写入一个 entry，但是这个 entry 并没有被复制到任何节点上。从这里开始，可能会出现三种不同的情况，其中第一种情况被 Raft 所避免，第二种和第三种情况在 Raft 中可能出现。
  - 第一种情况：新的 leader 对未提交的 entry 进行了提交操作，会导致出现一种丢失更新的异常。
    - 图（d），节点 5 发生宕机，节点 1 被选为 leader，节点 1 在 index=3 位置写入一个 entry，但这个 entry 未被复制到其他节点上；而 index=2 位置的 entry 还处于未提交状态，节点 1 将这个 entry 继续复制到节点 3 上（当然，在 Raft 算法中并不存在这样的操作），使这个 entry 成为达到 committed 状态的 entry。
    - 图（e），节点 1 发生宕机，节点 5 从宕机中恢复，而节点 4 经过两轮选举被选为 leader，之后节点 1 恢复。
    - 图（f），节点 4 在 index=2 位置写入一个 entry，并且把这个 entry 复制到其他节点上，刚刚被节点 1 提交的 index=2 位置的 entry 会被删除（因为 follower 要保持与 leader 一致），这就是说已提交的 entry 被删除了。
  - 第二种情况：未提交的数据被删除。
    - 图（g），节点 5 把 index=2 位置的 entry 成功地复制到所有节点上，这个动作会删除节点 1 和节点 2 上 index=2 位置的未提交的 entry。
  - 第三种情况：未提交的数据随着新 entry 被提交。
    - 图（h），节点 5 发生宕机，节点 1 从宕机中恢复，节点 1 成为 leader，它写入一个新 entry。虽然节点 1 发现有未提交的 entry，但是它并不试图继续复制未提交的 entry，而是仅仅把新写入的 entry 复制到其他节点上。由于一致性检查的存在，之前未提交的 entry 会被一致性检查流程补齐。
    - 图（i），当新 entry 被复制到大多数节点上时，新 entry 达到 committed 状态，同时，位于新 entry 之前的未提交的 entry 也会被自动提交。
    - 图（j），新旧 entry 被复制到所有节点上。

参考文献

[1] Ongaro D, Ousterhout J. In Search of an Understandable Consensus Algorithm (Extended Version). USENIX ATC'14: Proceedings of the 2014 USENIX conference on USENIX Annual Technical Conference, 2014.

第12章
原子广播算法 Zab

Zab 算法的全称是 ZooKeeper 原子广播（ZooKeeper atomic broadcast）算法，它被应用在 ZooKeeper（见第 7 章）中。本章详细讲解 Zab 算法。

12.1 Zab 算法简述

12.1.1 设计的 Zab 算法与 ZooKeeper 中实现的 Zab 算法

虽然 ZooKeeper 团队设计并且实现了 Zab 算法，但是 Zab 算法的设计与实现差别比较大。设计的 Zab 算法经过了严格证明，算法的正确性有保证。而 ZooKeeper 中的 Zab 算法的实现过程却比较波折，在 ZooKeeper 的早期版本中，Zab 算法并没有按照设计来实现，导致出现了 bug，不能保证 ZooKeeper 数据的正确性。后期版本纠正了这个问题，修正了 ZooKeeper 中的 Zab 实现，将实现尽量与设计对齐。修正过的实现的版本叫作 Zab 1.0，之前有 bug 的实现的版本叫作 Zab Pre 1.0。Zab 1.0 的实现是从 ZooKeeper 3.3.3 版本开始的。

本章会分别介绍理论设计的 Zab 算法、Zab Pre 1.0 的错误实现和 Zab 1.0 的实现。虽然 Zab 1.0 是按照设计的 Zab 算法实现的，但是与设计的 Zab 算法还有些差别，这些差别并不影响正确性，只是进行了一些优化。本章后面部分会先讲解这三个版本 Zab 算法的共有部分，再分别讲解它们的不同部分。

12.1.2 Zab 算法的阶段

不管是哪个版本的 Zab 算法，都由多个阶段组成。设计的 Zab 算法有 4 个阶段：选举（election）、发现（discovery）、同步（synchronization）、广播（broadcast）。Zab Pre 1.0 把这 4 个阶段简化成 3 个阶段：election、recovery、broadcast。为了修复 bug，Zab 1.0 又恢复成 4 个阶段，与设计的 Zab 算法相同。我们用图 12.1 来说明它们的差异。

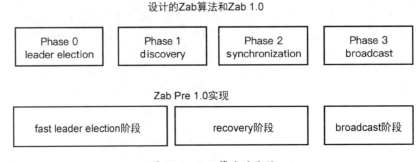

图 12.1 Zab 算法的阶段

三个版本 Zab 算法的最后一个阶段，也就是 broadcast 阶段，基本上是一致的，所以后面介绍各版本 Zab 算法的共有部分时会先讲解 broadcast 阶段，再讲解其他阶段。

broadcast 阶段可以被看作集群处在广播（broadcast）模式，broadcast 之前的阶段也可以被看作集群处在恢复（recovery）模式。

12.2 各版本 Zab 算法的共有部分

本节讲解三个版本 Zab 算法的共有部分，也就是 broadcast 阶段。

12.2.1 Zab 算法的基本概念

Zab 算法是一种原子广播算法（关于原子广播可以参看 10.7 节）。相对于原子广播，Zab 算法中也有着相同的基本概念，比如广播、投递，后面我们还会在 Zab 算法的上下文中再次讲解这些概念。与前面介绍的基于 Paxos 算法实现的原子广播不同的是，在 Zab 算法中要广播的值被称为消息（message）。

现在我们回顾一下 ZooKeeper。前面 7.3.3 节讲过 ZooKeeper 采用**首要备份模式**（primary backup scheme），也就是在所有进程中有一个是**首要**（primary）**进程**，只有首要进程才能够接收客户端的请求，并把客户端的请求转换成**事务**（transaction），调用 Zab 的**广播**（broadcast）接口。

在 Zab 算法中存在一个**领导者**（leader）进程，用来处理 ZooKeeper 的首要进程的广播调用，其他进程都被称为**跟随者**（follower）进程。首要进程传给 leader 的事务，就是 Zab 算法要广播的消息。

如果这个首要进程出现故障，包括重启或者宕机，则需要选出一个新的首要进程。如果首要进程发生重启，那么它可能还会被重新选为首要进程，也就是同一个进程可以多次成为首要进程。不管是新的进程还是老的进程成为首要进程，我们都认为这是一个新的首要进程。为了区别前后两个首要进程，我们用**纪元**（epoch）来表示一个首要进程，epoch 是一个递增的数字，epoch 产生的机制后面会详细讲解。每次进程成为首要进程时都会被分配一个新的 epoch。这个选举是在 broadcast 阶段的前几个阶段完成的事情，后面会讲解选举功能。

ZooKeeper 的首要进程与 Zab 算法的 leader 被刻意地由同一个进程来担任，这样就可以共用相同的选举功能，并且把从首要进程到 leader 的广播接口调用变成本地调用。

我们用图 12.2 来描述上面介绍的一些基本概念。

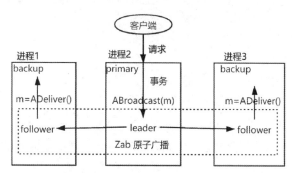

图 12.2　Zab 算法的基本概念

在图 12.2 中，首要进程所在的"进程 2"可以调用 ABroadcast 向 Zab 算法提交消息 m，Zab 算法将消息广播给 follower，follower 将消息 m 投递到两个备份（backup）进程上。这个过程就是在 broadcast 阶段完成的。

个人感受

本书中出现了三种架构模式，分别是**首要备份模式**（primary-backup scheme）[1]、**领导跟随模式**（leader-follower scheme）和**主仆模式**（master-slave scheme）。ZooKeeper和Zab算法分别使用了首要备份模式和领导跟随模式，而GFS、BigTable、Spanner都使用了主仆模式。

- 首要备份模式表述了这样的架构：**首要**（primary）角色是工作的，它处理客户端的请求；**备份**（backup）角色是不工作的，它不会处理客户端的请求，但是会随时准备在primary出故障时顶替它的工作。
- 领导跟随模式表述了这样的架构：**领导者**（leader）是工作的，它处理客户端的请求；**跟随者**（follower）也是工作的，而且完全是模仿leader的工作，leader处理一个请求，follower也会复制leader处理这个请求的结果。
- 主仆模式表述了这样的架构：**主**（master）只负责给slave分配任务，它不会做实际的工作，给slave分配完任务之后，master就处于空闲状态；**仆**（slave）会负责处理实际的工作，比如处理客户端的请求。GFS、BigTable、Spanner都有master角色，但没有显式地命名slave，实际上GFS的chunkserver、BigTable的tablet server、Spanner的spanserver都是slave。这是因为slave这个词的本意不佳，实际中会刻意回避在架构设计中使用这个词。但并不是把master-slave换成其他两种命名，因为它们的含义不同。

由于客户端请求是由唯一的首要进程处理的，因此首要进程可以为每个事务都生成一个编号，称之为zxid。zxid是一个64位的整型数字，它由两部分组成：高32位是当前首要进程的epoch；低32位是一个**计数器**（counter）。为了便于理解，本书中将zxid表示成[e,c]，其中e代表epoch，c代表counter。一个事务可以被表示成<z,v>，其中z是zxid，v是事务的内容。每个新的首要进程都会从头开始计数。

12.2.2 Zab 算法的 broadcast 阶段

无论是设计的Zab算法还是其他两种Zab算法的实现，开始broadcast阶段的前提条件都是：只有唯一的一个进程作为leader，并且leader与follower保持一致，也就是具有相同的数据。

如何满足这个前提条件是一件复杂的事情，本章后面会详细讲解即便一个集群出现各种故障，也能满足这个前提条件。这里我们先不考虑这件复杂的事情，或者可以先考虑一个新建的集群，其所有节点的数据都为空，其中任意一个节点都可以成为 leader，那么该集群满足这个前提条件。

leader 和 follower 通过 TCP 进行通信，leader 按照 zxid 发送消息，follower 也会按照 zxid 的顺序收到这些消息。

broadcast 阶段的具体过程如图 12.3 所示，通过三次网络通信完成消息的广播。

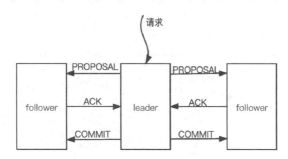

图 12.3　broadcast 阶段的具体过程

对 broadcast 阶段的过程详细解释如下：

注：下面过程中每一个步骤开始的（L）或者（F）表示这个步骤的执行角色，其中（L）代表 leader，（F）代表 follower，本章后面讲解的其他过程也采用这种说明方式。

（1）（L）leader 收到要广播的一个消息，也就是要广播的事务（相当于调用 ABroadcast(m) 方法）后，向所有的 follower 发送包含这个事务的 **PROPOSAL 请求**，或者说发起一个**提议**（proposal）。这里我们暂时认为事务和提议是相同的，其实它们是有区别的（12.3 节会讲解）。

（2）（F）follower 收到 PROPOSAL 请求后，按照 zxid 的顺序将其中包含的提议持久化存储到**历史**（history）中，history 是按照 zxid 的顺序存储所有提议的一个组件，这样就完成了一个提议的**接受**（accept）操作，然后回复 ACK 给 leader。这时我们会说这个提议处于**已接受**（accepted）状态，或者说处于**已提议**（proposed）状态。

（3）（L）leader 收到大多数（majority）的 follower 回复的 ACK 后，向所有的 follower 发送 **COMMIT 请求**，同时回复广播请求（相当于完成 Abroadcast(m) 方法的调用）。

（4）（F）follower 收到 COMMIT 请求后，执行**提交**（commit）操作。提交操作包括：

● 在 history 中标记这个提议为**已提交**（committed）状态。

- 应用这个事务（相当于执行 m=ADeliver()这个动作，如第 7 章所讲，在 ZooKeeper 中就是在数据库中应用这个事务）。

这个提交操作也就是原子广播的投递（deliver）操作，在完成这个投递操作后，这个消息（也就是事务）处于**已投递**（delivered）状态。

这里需要注意的是，leader 也会做 follower 做的事情，就好像在 leader 这个进程中同时存在一个 leader 和一个 follower，它们之间也通过网络通信。这个过程如图 12.4 所示。

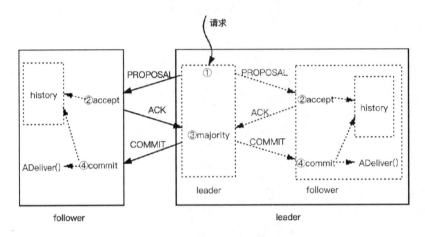

图 12.4 leader 和 follower 通信的过程

在实际中，在一个进程内部进行网络通信是没有必要的，所以会像图 12.5 所示一样实现。

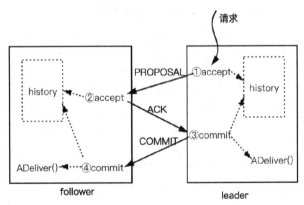

图 12.5 简化的 leader 和 follower 通信的过程

12.2.3　Zab 算法的消息通道

为了进行网络通信，各节点分别建立了发送缓存队列和接收缓存队列，在发送请求时，将请求存入发送缓存队列中；当接收缓存队列中有请求时，节点从中取出进行处理。在 leader 和 follower 之间建立一条消息通道，这条消息通道从发送缓存队列中取出请求，传输到对端的接收缓存队列中。这条消息通道如图 12.6 所示。这条消息通道不仅仅用于 broadcast 阶段的消息传输，后面讲解的 Zab 算法的其他阶段也使用这条消息通道进行通信。

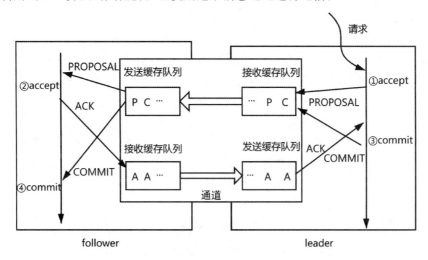

图 12.6　Zab 算法的消息通道

消息通道要保证传输可靠、有序，leader 和 follower 不会处理请求丢失的情况。也就是说，leader 和 follower 只会将请求写入缓存中，如果请求在网络上丢失，消息通道要负责重传丢失的请求，并且保证请求有序地传输。请求会按照 zxid 的顺序被写入缓存中，消息通道也要按照 zxid 的顺序从缓存中取出请求，并且按照 zxid 的顺序传输到对端，最后还要按照 zxid 的顺序写入对端的缓存中。Zab 算法采用 TCP 保证可靠、有序地在网络上传输。本节后面所讲的发送一个请求，是指将这个请求写入缓存中；接收一个请求，一般是指从缓存中读取下一个请求。

leader 和 follower 在 broadcast 阶段不管请求有没有被成功地传输到对端，只要将请求写入缓存中，就会继续处理下一个请求。Zab 算法具有处理由于故障导致缓存的消息丢失的能力，这个处理也是我们后面要讲的 broadcast 阶段之前的其他阶段要做的一件事情。

12.2.4　Zab 算法的 broadcast 阶段的特性

如果 follower 的处理速度变慢，请求会被暂存在缓存中，当 follower 的处理速度恢复后，则会加快处理缓存中的请求。如果 leader 收到大多数 follower 的 ACK，就会完成这次广播，所以少数 follower 的处理速度变慢，并不会影响 leader 处理请求的速度。如果出现节点宕机这种故障，只要节点宕机的数量不超过大多数，Zab 算法就仍然可以继续运行。

12.2.5　已提交的提议

这里需要注意的是，当一个提议被大多数进程（包括 leader）接受时，这个提议就处于已提交状态，与之相对的其他提议处于未提交状态。

不同的节点通过不同的方法知道一个提议处于已提交状态：

- leader 是通过收到大多数进程的 ACK 回复知道一个提议达到已提交状态的，leader 知道一个提议已提交后，会执行提交操作。
- follower 是通过收到 leader 的 COMMIT 请求知道一个提议已提交的，follower 知道一个提议已提交后，会执行提交操作。

这里需要注意，Zab 算法的提交操作不同于数据库中的提交操作，在数据库中，一个事务只有执行了提交操作才会变成已提交状态；在 Zab 算法中，提议先处于已提交状态，然后再进行提交操作。

另外，不同的节点知道一个提议处于已提交状态的时间是不同的，执行提交操作的时间也是不同的。在没有故障的情况下，对于已提交的提议，最终会在所有的节点上执行提交操作。

12.2.6　故障处理

Zab 算法需要处理各种故障，本节先介绍 Zab 算法会遇到哪些故障，然后介绍处理这些故障时需要给出哪些保证。本章后面会介绍 Zab 算法是如何通过在 broadcast 阶段前添加更多的阶段来处理这些故障并达成保证的。

Zab 算法需要处理下面两种故障。

- follower 故障：如果 follower 发生重启，那么已经存储在接收缓存和发送缓存中的消息会丢失，follower 重启后，重新连接到 leader。为了处理 follower 重启故障，还需要在 broadcast 阶段加入额外的处理过程（12.3.4 节会介绍 follower 的故障处理过程）。

- leader 故障：broadcast 阶段在没有故障时工作得非常好，但是当 leader 出现故障时，需要重新选出一个新的 leader，也就是集群进入 recovery 模式，后面介绍的 broadcast 以外的其他阶段就是用来处理这种故障的。

不管哪种故障，故障处理流程都必须提供下面两个保证。

保证 1：如果一个提议在某个副本上已经被投递，那么一定要保证这个提议在其他副本上也被投递。

为了达成这个保证，Zab 算法要处理很多情况，我们举例来说明（例子参考 Zab 论文[2]）。如图 12.7 所示，一个集群有三台服务器，其中 server1 是 leader。leader 发起三个提议，分别为 Proposal1、Proposal2、Proposal3。我们将 PROPOSAL 请求简写成 P，将 COMMIT 请求简写成 C，在图 12.7 中，P1 就表示 Proposal1 的 PROPOSAL 请求，依此类推。从图 12.7 中可以看出，leader 已经发送 C1 和 C2，Proposal1 和 Proposal2 两个提议已提交，但是 Proposal1 和 Proposal2 在不同副本上的提交状态是不同的：

- 在 server1（leader）上已经执行了提交操作，所以 Proposal1 和 Proposal2 两个提议在 server1 上已提交，在 history 中这两个提议被标记为已提交，在图 12.7 中用（c）来表示。
- server2 只收到 P1、P2、C1 这三个请求，所以只执行了 Proposal1 的提交操作。
- server3 只收到 P1、P2 这两个请求，所以没有提议被执行提交操作。

如果这时 leader 发生宕机，那么新选出来的 leader 必须保证自己和其他副本也都提交了 Proposal1 和 Proposal2。

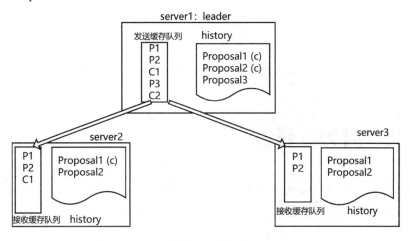

图 12.7　保证 1

保证 2：继续上面的例子（例子参考 Zab 论文[2]），server2 成为新的 leader，server2 的 epoch 增加变成 1，并且接受了两个新提议（按照前面讲的 zxid 的规则，这两个新提议被记成 Proposal[1,1]、Proposal[1,2]，前面"保证 1"里的三个提议实际上可以被记成 Proposal[0,1]、Proposal[0,2]、Proposal[0,3]），提交了 Proposal[1,1]。如果这时 server1 宕机恢复，加入集群中，那么 server1 之前接受的 Proposal[0,3]这个提议并不是已提交的提议，所以是不应该存在的，应该被删除，如图 12.8 所示。

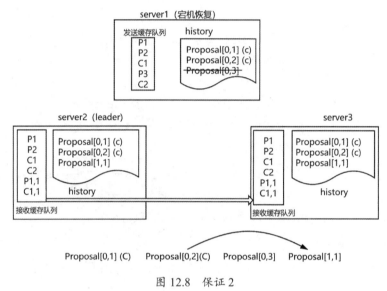

图 12.8　保证 2

在图 12.8 中，Proposal[0,3]是一个应该被**跳过**（skipped）的提议。也就是说，在按照 zxid 排列的提议序列中，提交操作应该跳过 Proposal[0,3]。

Zab 算法通过在 broadcast 阶段前加入更多的阶段，在 leader 故障恢复后达成这两个保证。

12.3　设计的 Zab 算法

前面讲解的 broadcast 阶段是在 leader 没有故障的情况下进行的，如果 leader 发生故障，则 leader 需要从故障中恢复，为了恢复到可以继续进行 broadcast 阶段的状态，Zab 算法需要经过额外的三个阶段。

前面 12.2.2 节中提到事务和提议是有差别的，在设计的 Zab 算法[3]中，一个提议包括事务

<z,v>和 epoch 两部分，提议可以被表示成<e,<z,v>>，其中 e 表示 epoch。

在设计的 Zab 算法中，每个节点都持久化存储下面这些信息。

- history：所有接受的提议。
- lastZxid：history 中所有提议最大的 zxid。
- acceptedEpoch：接受的 epoch，这个 epoch 是接受的最后一个 NEWEPOCH 请求中的 epoch，NEWEPOCH 是 discovery 阶段的一个请求（12.3.3 节会介绍）。
- currentEpoch：当前的 epoch，这个 epoch 是接受的最后一个 NEWLEADER 请求中的 epoch，NEWLEADER 是 synchronization 阶段的一个请求（12.3.4 节会介绍）。

在下面的讲述中，我们用 F.acceptedEpoch 表示某个 follower 存储的 acceptedEpoch。F.acceptedEpoch=e 表示将某个 follower 的 acceptedEpoch 的值修改为 e。

12.3.1 Phase0：election 阶段

election 阶段并不能算作设计的 Zab 算法的一部分，在设计的 Zab 算法中，其实只有 Phase1（discovery 阶段）、Phase2（synchronization 阶段）和 Phase3（broadcast 阶段）这三个阶段。

在设计的 Zab 算法中，仅仅要求在进入正式的 Zab 算法时满足这样的条件：在非常大的概率下，选出唯一的一个节点，这个节点是处于运行状态的，并且大多数节点同意它成为 leader。

也就是说，在进入后面的阶段时，所选出的节点可以不是活着的节点，也可以不是大多数认同的节点（即可以有多个节点被选成 leader），设计的 Zab 算法保证不会出错。

如果出现上面这些情况，Zab 算法会判断为异常，并且退回到 election 阶段，重新进行选举。正确选出 leader 的概率越大，后续阶段成功运行的概率就越大，Zab 算法的效率也就越高，所以说这个条件是一个效率条件，不是正确性条件。设计的 Zab 算法并未给出具体的选举算法。

在这个阶段选出的 leader 叫作预主（prospective leader），进行完 Phase1（discovery 阶段）和 Phase2（synchronization 阶段），如果没有失败而回到 election 阶段，那么这个 prospective leader 会成为认定主（established leader）。established leader 会满足 broadcast 阶段的要求（broadcast 阶段的要求见 12.2.2 节）。如 12.2.1 节所讲，established leader 也是 ZooKeeper 的首要进程。

进入 election 阶段的节点，已经不再是 leader 或者 follower，位于 election 阶段的节点处于选举（election）状态，election 阶段结束后，prospective leader 会以 leader 的身份进入下一个阶段；类似地，这个节点处于领导中（leading）状态，其他节点会以 follower 的身份进入下一个阶段；类似地，这个节点处于跟随中（following）状态。

12.3.2 Phase1：discovery 阶段

进入 discovery 阶段后，会执行下面的过程。

注：我们用全部大写的方式来表示一个请求，请求后面括号中的是其携带的参数。后面其他阶段的过程也采用这种表示方式。

（1）（F）follower 发送 CEPOCH(F.acceptedEpoch)请求给 prospective leader。

（2）（L）prospective leader 从大多数 follower 收到 CEPOCH 请求，这些 follower 形成一个集合，称为 Q。prospective leader 生成一个新的 epoch，称这个 epoch 为 e，这个 e 要比收到的所有 CEPOCH 请求中的 epoch 都大，prospective leader 发送 NEWEPOCH(e)请求给集合 Q 中的每个 follower。

（3）（F）follower 收到 NEWEPOCH(e)请求后：

- 如果 e > F.acceptedEpoch，则 F.acceptedEpoch = e，且给 prospective leader 回复 ACK-E（F.currentEpoch, F.history, F.lastZxid）。
- 如果 e < F.acceptedEpoch，则回到 election 阶段。

（4）（L）leader 收到集合 Q 中每个 follower 的 ACK-E 回复后，按下面的条件选出一个 follower：

- 选择 F.currentEpoch 最大的 follower。
- 如果 F.currentEpoch 相同，则选择 F.lastZxid 最大的 follower。

将选出的这个 follower 的 history 持久化保存为自己的历史。

在 discovery 阶段运行结束后，prospective leader 已经生成新的 epoch，值为 e，并且具有最新的 history。如果这个 prospective leader 在此之前的 broadcast 阶段没有收到全部已提交的提议，那么这时它已经具有了。

这里需要注意的是，currentEpoch 在这个阶段并没有被修改过，它是在 synchronization 阶段被修改的，在这个阶段仅仅是修改了 acceptedEpoch。

12.3.3 Phase2：synchronization 阶段

完成 discovery 阶段后，会进入 synchronization 阶段，执行下面的过程。

（1）（L）leader 向集合 Q 中的所有 follower 发送 NEWLEADER(e, L.history)请求。

（2）（F）follower 收到 NEWLEADER(e, L.history)请求后：

- 如果 e != F.acceptedEpoch，则退回到 election 阶段重新选举。
- 如果 e == F.acceptedEpoch，则原子地执行下面的过程。

a. F.currentEpoch = e。

b. 将 L.history 中的每个提议（记为$<e_i,<z_i,m_i>>$）组成 epoch 为 e 的新提议$<e,<z_i,m_i>>$，存储到自己的 F.history 中，回复 ACK 给 prospective leader。

（3）（L）leader 从大多数 follower 收到 ACK 回复后，给所有的 follower 发送 COMMIT 请求。

（4）（F）follower 收到 COMMIT 请求后，为 F.history 中的每个提议调用 ADeliver()。

12.3.4 Phase3：broadcast 阶段

设计的 Zab 算法的 broadcast 阶段与前面 12.2.2 节所讲的 broadcast 阶段有些细节上的差别，这里我们描述一下设计的 Zab 算法的 broadcast 阶段的过程。

（1）（L）leader 增加 zxid（也就是 zxid++），给集合 Q 中的所有 follower 发送 PROPOSAL 请求。

（2）（F）follower 收到 PROPOSAL 请求后，给提议追加 history，回复 ACK。

（3）（L）leader 收到大多数 follower 的 ACK 回复后，发送 COMMIT 请求。

（4）（F）follower 收到 COMMIT 请求，提交提议。

除了上面描述的步骤，设计的 Zab 算法的 broadcast 阶段还包括额外一些步骤，即当有新的 follower 加入集群时，follower 会执行 discovery 阶段、synchronization 阶段、broadcast 阶段的过程，位于 broadcast 阶段的 leader 会执行下面的过程。

（1）（L）leader 收到 CEPOCH 请求后，发送 NEWEPOCH(L.currentEpoch)请求和 NEWLEADER(L.currentEpoch, L.history)请求给 follower。

（2）（L）leader 收到 follower 的 ACK 回复后，给 follower 发送 COMMIT 请求。

这个过程用来处理前面 12.2.6 节所讲的 follower 故障，也就是对 follower 宕机重启后重新加入集群进行处理。follower 重新加入集群后，会进入选举阶段，并且会被告知是 follower（在设计的 Zab 算法中并不包含选举阶段，实现中只要重启后大概率被指定为 follower 即可，算法保证正确性），所以这个 follower 会执行 discovery 阶段、synchronization 阶段、broadcast 阶段，从 leader 接收其 history，并将 history 持久化保存，提交 history 中的所有提议。

另外，不同于前面所讲的 broadcast 阶段的过程，设计的 Zab 算法中的提交操作，不需要在 history 中记录哪个提议处于已提交状态，只需要执行 ADeliver() 即可。这是因为每次提交时 synchronization 阶段都把 history 中的提议全部提交一遍，没有增量投递，所以不需要记录提议的已提交状态。

12.3.5　设计的 Zab 算法的问题

设计的 Zab 算法经过严格的推导证明，保证了算法的正确性（推导证明过程这里不详细介绍了，可以参看参考文献[3][4]）。但是算法实现时并未完全按照设计的算法来进行，因为在设计的 Zab 算法中，leader 会要求 follower 把其全部的 history 发送给自己，并且在选择了其中一个 history 后，会将选中的 history 全部发送给其他所有的 follower，follower 需要用 leader 发送来的 history 覆盖自己的 history。也就是说，完整的 history 会经过下面的流动过程：

```
follower -> leader -> follower
```

这种做法在 history 非常大的情况下是极其耗时的。如果集群运行了一段时间，积累了大量的事务，那么这个过程就变得不切实际了。

所以在实现算法时，在选举阶段会选举具有最新 history 的节点作为 leader，这样就可以避免 follower -> leader 这个方向的 history 流动。并且在 leader -> follower 这个环节，history 全量传输也是没有必要的，所以在实际的实现中会根据具体情况进行增量传输。后面在介绍 Zab 1.0 算法、Zab Pre 1.0 算法时，会详细讲解这些与设计的 Zab 算法不同的点。

12.3.6　设计的 Zab 算法处理 leader 故障

下面我们来分析设计的 Zab 算法是如何处理 leader 故障，并且做到 12.2.6 节所讲的两个保证的。在 synchronization 阶段，leader 将 history 发送给所有的 follower，follower 收到 history 后回复 ACK 给 leader，leader 收到大多数 follower 的 ACK 后，提交 history 中的所有提议。follower 在收到 UPTODATE 消息后，会提交 history 中的所有提议，所以未被选中的 history 中的所有未提交的提议都会被删除，被选中的 history 中的所有已提交的提议会在所有节点上再次被投递。但是这里需要注意，已提交的提议可能会被重复投递。

12.4　Zab Pre 1.0 算法

在 Zab Pre 1.0 算法[5]中，除 broadcast 阶段外，只有两个阶段。

与设计的 Zab 算法不同，Zab Pre 1.0 算法中的提议只包含事务，并不包含 epoch。也就是说，Zab Pre 1.0 算法中的提议与事务没有差别。这是 Zab Pre 1.0 算法与设计的 Zab 算法的一个非常重要的差别，从而也导致了 bug 的出现。

follower 会持久化存储 history 中最后一个提议的 zxid，称之为 lastZxid，还会持久化存储 history 中最后一个已提交的提议的 zxid，称之为 lastCommittedZxid。leader 中有一个配置项 L.history.threshold，用来指定是否增量同步。

12.4.1　leader election 阶段

与设计的 Zab 算法的 election 阶段相同，Zab Pre 1.0 算法的 leader election 阶段也是尽最大努力选出一个具有最新历史的 leader，并且这个 leader 得到大多数 follower 的认可。但是与设计的 Zab 算法不同，选举有一个额外的条件，就是要选举 zxid 最大的节点作为 leader，这个条件是 Zab Pre 1.0 算法的正确性条件，而不是效率条件。

这个阶段也被称为 fast leader election 阶段，其名字来源于 ZooKeeper 代码中相关类的名字。关于 fast leader election 具体的实现这里就不进行介绍了。

12.4.2　recovery 阶段

在 Zab Pre 1.0 算法中，recovery 阶段也被称为 Phase 1&2[5]，是 epoch 确立和 follower 同步的阶段。recovery 阶段的详细过程如下：

（1）（L）leader 将 L.lastZxid 中的 epoch 加 1，开始接受 follower 的连接。

（2）（F）follower 连接上 leader，发送 FOLLOWER(F.lastZxid)消息。

（3）（L）leader 针对每一个 follower 的连接进行下面的处理：

① 发送 NEWLEADER(L.lastZxid)消息。

② 建立一个临时的消息队列。

③ 执行下面的操作：

- 如果 follower 落后太多（即 F.lastZxid < L.history.threshold），则将 SNAP 请求加入队列中。
- 如果 follower 中包含 leader 没有的提议（即 F.lastZxid > L.lastCommittedZxid），则将 TRUN(L.lastCommittedZxid)请求加入队列中。
- 如果 follower 缺少 leader 的提议（即 F.lastZxid < L.lastCommittedZxid），则将 DIFF(proposals) 请求加入队列中，其中参数 proposals 表示所有 zxid 大于 L.lastCommittedZxid 的提议。

④ leader 将 UPTODATE 请求加入队列中。

⑤ leader 发送队列中的所有请求。

（4）（F）follower 根据接收到的不同请求进行不同的处理：

① 收到 NEWLEADER 请求，如果 L.lastZxid.epoch < F.lastZxid.epoch，则回到 election 阶段。

② 执行下面的操作：

- 如果收到 SNAP 请求，则提交 SNAP 中的所有数据。
- 如果收到 TRUN 请求，则删除从 L.history.lastCommittedZxid 到 F.lastZxid 的所有提议。
- 如果收到 DIFF 请求，则接受消息中携带的所有提议，并且提交它们。

③ 一旦 follower 收到 UPTODATE 请求，follower 就回复 ACK(F.lastZxid)。

（5）（L）如果 leader 从大多数 follower 收到 ACK，则表明 leader 已经拿到值为 e 的 epoch 的领导权。

需要注意的是，在上面的过程中，leader 也需要执行 follower 的步骤。

12.4.3　Zab Pre 1.0 算法处理 leader 宕机故障

本节介绍 Zab Pre 1.0 算法是如何处理 leader 故障，并且做到前面讲的两个保证的。

保证 1：在图 12.7 所示的例子中，当 server1 宕机后，server2 可以被选为新的 leader，符合选举条件，server2 以 leader 的状态、server3 以 follower 的状态进入 recovery 阶段。

"保证 1" 的例子按照前面所讲的 recovery 阶段的流程，server2 先向 server3 发送 TRUNC(1) 请求，删除 server3 上的 Proposal2，然后 server2 再向 server3 发送 DIFF(Proposal2)请求。需要

注意的是，在这个例子中，server3 删除的 Proposal2 和新收到的 Proposal2 其实没有差别。server3 收到 Proposal2 后会提交所有未提交的提议，也就是 Proposal1 和 Proposal2。leader 会执行 follower 的步骤，所以在这个过程中 server3 也会提交 Proposal2。

虽然 server2 没有收到 Proposal2 的 COMMIT 消息，但是在收到大多数副本的 ACK 后会提交 Proposal2。server3 没有收到 Proposal1 和 Proposal2 的 COMMIT 消息，但是在收到 UPTODATE 消息后会提交 lastZxid 之前所有未提交的提议。

保证 2：由于 Zab Pre 1.0 算法未按照设计的 Zab 算法来实现，所以 Zab Pre 1.0 算法不能做到"保证 2"（见 12.2.6 节）。下一节我们讲解为什么 Zab Pre 1.0 算法不能做到这一保证。

12.4.4　Zab Pre 1.0 算法的缺陷

Zab Pre 1.0 算法并没有按照设计的 Zab 算法来实现，它并不是一个完全正确的算法，会导致副本间的数据不一致。Zab Pre 1.0 算法存在两个 bug，下面分别来说明这两个 bug。

第一个 bug：举例说明这个 bug[6][7][8]。假如一个集群有 5 台服务器（A, B, C, D, E），其中 A 是 leader，lastZxid 是[1,10]。

A 发生宕机，B 被选为新的 leader，B 增加 lastZxid 为[2,0]。B 提出一个新提议，zxid 为[2,1]。但是在其他节点收到这个提议前，B 发生宕机，C 被选为新的 leader，C 的 lastZxid 也是[1,10]，C 增加 lastZxid 为[2,0]。C 也提出一个新提议，zxid 为[2,1]。

当 B 从宕机中恢复后，B 的 lastZxid 与 C 的 lastCommittedZxid 相同，不会发送 TRUNC 请求给 B 删除 Proposal[2,1]，因此 B 与 C 在[2,1]位置出现数据不一致。

第二个 bug：第二个 bug[6]会导致不能达到"保证 2"。

我们继续看图 12.8，server1 从宕机中恢复，server1 发送 FOLLOWER([0,3])，但是 server2 的 lastCommittedZxid 是[1,1]，因为[0,3] < [1,1]，所以 server2 不会发送 TRUNC 请求，server1 上的 Proposal[0,3]不会被删除。

12.5　Zab 1.0 算法

Zab 1.0 算法[9]恢复了 broadcast 阶段前面的三个阶段。与设计的 Zab 算法相同，Zab 1.0 算法持久化保存了 history、lastZxid、acceptedEpoch、currentEpoch 四个信息。此外，还有一个非持久化信息 nextZxid，也就是下一个提议要用的 zxid。接下来我们介绍前三个阶段，broadcast 阶段与设计的 Zab 算法的区别不大，就不再重复讲述了。

12.5.1　Phase0：leader election 阶段

与设计的 Zab 算法一样，Zab 1.0 的 leader election 阶段也是尽最大努力选出一个具有最新历史的 leader，并且这个 leader 得到大多数 follower 的认可。

12.5.2　Phase1：discovery 阶段

在 discovery 阶段，主要是确定了 epoch，其详细过程如下：

（1）（F）follower 连接 leader，并发送 FOLLOWINFO(F.acceptedEpoch) 消息。

（2）（L）leader 一旦具有大多数 follower 的连接，则停止接受连接，生成一个新的 epoch，这个 epoch 大于所有的 F.acceptedEpoch，把这个 epoch 记为 e，发送 LEADERINFO(e) 消息给所有的 follower。

（3）（F）follower 收到 LEADERINFO 消息后：

- 如果 e > F.acceptedEpoch，则 F.accceptedEpoch=e，并发送 ACKEPOCH(F.currentEpoch, F.lastZxid) 消息。
- 如果 e == F.acceptedEpoch，则不发送 ACKEPOCH 消息。
- 如果 e < F.acceptedEpoch，则关闭到 leader 的连接，回到 leader election 阶段。

（4）（L）leader 等待直到收到大多数 follower 的 ACKEPOCH 消息，如果不满足下面的条件，则 leader 回到 leader election 阶段。

- F.currentEpoch <= L.currentEpoch。
- 如果 F.currentEpoch == L.currentEpoch，则 F.lastZxid <= lastZxid。

与设计的 Zab 算法相同的是，Zab 1.0 算法的 discovery 阶段同样也生成了新的最大的 epoch。但它们的不同之处在于，在 Zab 1.0 算法中，follower 没有发送 history 给 leader，而是 leader 检查自己是否具有最新的 history，如果自己不具有最新的 history，则重新选举；而在设计的 Zab 算法中，election 阶段并不要求具有最新的 history 的节点成为 leader，其通过复制 history 纠正了该阶段的这个问题。

12.5.3　Phase2：synchronization 阶段

在 synchronization 阶段，主要完成了与 follower 同步的工作，其过程如下：

（1）（L）leader 对连接的 follower 做如下处理：

① 建立一个消息队列。

② 根据条件执行下面的操作，将下面的请求放入队列中：

- 如果 follower 落后太多，则将 SNAP 请求加入队列中。
- 在 L.history 中找到 epoch 为 F.currentEpoch 的最大的 zxid，如果 F.lastZxid > zxid，也就意味着 follower 存在需要跳过的提议，并且 follower 缺少事务，需要执行下面两个操作。
  - 将 TRUN(zxid)请求加入队列中。
  - 把大于 F.lastZxid 的所有提议放入 DIFF 请求中，将 DIFF 请求加入队列中。

③ 将 NEWLEADER(e)请求放入队列中。

④ 发送堆积在队列中的请求。

（2）（F）follower 接收到 SNAP、TRUN、DIFF 消息后，并不立即应用，而是等待 NEWLEADER 消息，一旦收到 NEWLEADER 消息，就原子地完成下面两个操作，之后发送 ACK(e)。

- 变更应用状态。
- 设置 F.currentEpoch = e。

（3）（L）一旦 leader 收到大多数 follower 发送的 ACK，它取得了 epoch 为 e 的领导权，也就意味着它成为 established leader，并且发送 UPTODATE 请求，再次开始接受 follower 的连接，设置 nextZxid = (e<<32) + 1，进入下一个阶段。

（4）（F）follower 收到 UPTODATE 请求后，进入下一个阶段。

与设计的 Zab 算法不同的是，在 Zab 1.0 算法的 synchronization 阶段，leader 并不向 follower 发送全部的 history，而是根据情况发送增量的提议。

12.5.4　Zab 1.0 算法处理 leader 宕机故障

Zab 1.0 算法修复了 Zab Pre 1.0 算法的 bug（参见 12.4.4 节），下面我们来分析。

修复第一个 bug：A 发生宕机，B 被选为新的 leader，B 生成为 2 的新 epoch，通过 NEWLEADER 发送给其他节点，其他节点收到 NEWLEADER 后，把自己的 currentEpoch 赋值为 2，B 提议 Proposal[2,1]。但这个提议被其他节点接受前，B 发生宕机，C 被选为新的 leader，C 生成为 3 的新 epoch，通过 NEWLEADER 发送给其他节点，其他节点收到 NEWLEADER 后，把自己的 currentEpoch 赋值为 3，B 提议 Proposal[3,1]。

这时 B 从宕机中恢复，向 C 发送 ACKEPOCH(1,[2,1])，C 在自己的 history 中找到 epoch 为 1 的最大 zxid 是[1,10]，因为[1,10] < [3,1]，所以发送 TRUNC([1,10])，删除 B 上的提议 Proposal[2,1]，再发送大于[1,10]的提议 Proposal[3,1]给 B。

修复第二个 bug：在图 12.8 所示的例子中，server1 从宕机中恢复，发送 ACKEPOCH(0,[0,3])，server2 在自己的 history 中找到 epoch 为 0 的最大 zxid 是[0,2]，因为[0,2] < [0,3]，所以发送 TRUNC([0,2])，再发送大于[0,2]的提议 Proposal[1,1]给 server1。

参考文献

[1] Budhiraja N, Marzullo K, Schneider FB, et al. Distributed systems (2nd Ed.). ch. 8: The Primary-Backup Approach. ACM Press/Addison-Wesley Publishing Co., 1993.

[2] Reed B, Junqueira FP. A simple totally ordered broadcast protocol. LADIS '08: Proceedings of the 2nd Workshop on Large-Scale Distributed Systems and Middleware, 2008.

[3] Junqueira FP, Reed BC, Serafini M. Zab: High-performance broadcast for primary-backup systems. DSN '11: Proceedings of the 2011 IEEE/IFIP 41st International Conference on Dependable Systems&Networks, 2011.

[4] Junqueira FP, Reed BC, Serafini M. DISSECTING ZAB. https://cwiki.apache.org/confluence/download/attachments/24193444/yl-2010-007.pdf, 2010.

[5] Zab Pre 1.0. https://cwiki.apache.org/confluence/display/ZOOKEEPER/Zab+Pre+1.0.

[6] Medeiros A. ZooKeeper's atomic broadcast protocol: Theory and practice. http://www.tcs.hut.fi/Studies/T-79.5001/reports/2012-deSouzaMedeiros.pdf, 2012.

[7] zookeeper servers should commit the new leader txn to their logs. https://issues.apache.org/jira/browse/ZOOKEEPER-335.

[8] Divergence in ZK transaction logs in some corner cases. http://zookeeper-user.578899.n2.nabble.com/Divergence-in-ZK-transaction-logs-in-some-corner-cases-td2547596.html.

[9] Zab 1.0. https://cwiki.apache.org/confluence/display/zookeeper/zab1.0.

第4部分 一致性

本部分主要讲解前面章节中出现过的两个比较难于理解的一致性模型：顺序一致性和线性一致性。

第 13 章
事务一致性与隔离级别

关系型数据库是很多人熟知的一种存储，也是使用最广泛的一种存储。相对于其他存储，关系型数据库出现的时间较早，理论也比较完整。关系型数据库的相关理论体系非常庞大，不是一章能说完的。本章主要讲解关系型数据库中的事务一致性和隔离级别部分。

简单来说，**事务**（transaction）是逻辑上的一组操作，也就是一个客户端将多个增加（insert）、删除（delete）、修改（update）、查询（select）操作组合在一起，形成一个逻辑上的组。

事务具有"酸"性，也就是 ACID。ACID 是四个单词首字母的组合，即 Atomicity（原子性）、Consistency（一致性）、Isolation（隔离性）、Durability（持久性）。有了 ACID，即使出现错误和故障，数据库也仍然可以保证正确性。下面对每一个特性分别进行介绍。

- 原子性：保证事务中所有的操作就像一个单元，要么它们全部成功完成，要么它们全部失败。
- 一致性：保证事务仅仅能将数据从一种有效的状态变成另一种有效的状态。也就是说，所有对数据库的写入操作都是根据数据库的约束规则进行的。举一个常见的例子，比如转账事务，从一个账户减掉 100，再向另一个账户增加 100，但无论这个事务成功还是失败，都要保持两个账户的总额不变。
- 隔离性：数据库的事务往往是并发执行的，隔离性用来定义并发控制的程度（13.1 节将详细介绍）。
- 持久性：保证事务一旦提交，即便出现系统宕机或者断电的情况，数据也仍然处于提交状态。

13.1 ANSI 的隔离级别

为了明确定义一个通用的、与具体实现无关的隔离级别，ANSI/ISO SQL-92 标准采用了一种通过**异常现象**（phenomena）来定义隔离级别的方式。

13.1.1 ANSI 的隔离级别定义

我们先来看 ANSI/ISO SQL-92 标准中定义的三种异常现象。

1. 脏读（dirty read，DR）

例如，事务 T1 修改一个数据，事务 T2 在 T1 提交或者回滚之前读取到了这个数据。如果 T1 执行了回滚，那么 T2 就读取到了一个不存在的值。

```
T1 ---w(a=1)-----------------abort->
T2 ------------r(a=1)-------------->
```

在这个例子中，每条虚线表示一个事务，从左到右为时间流逝的方向。w(a=1)表示将值 1 写入 a 中；r(a=1)表示读取 a，读取到的结果是 1；abort 表示取消这个事务。每个操作在虚线中的位置指示了该操作发生的时间。本章后面采用同样的表达方式来说明。

2. 不可重复读（non-repeatable read，NRR）

例如，事务 T1 读取一个数据，然后事务 T2 修改或者删除这个数据并提交。接下来，如果 T1 试图再次读取这个数据，那么它会读取到一个修改过的值，或者发现这个数据已经被删除了。

```
T1 ---r(a=1)------------------------r(a=2)->
T2 ------------w(a=2)---commit------------->
```

在这个例子中，commit 表示提交事务。

3. 幻读（phantom read，PR）

例如，事务 T1 读取一组满足某一查询条件的数据，然后事务 T2 创建一组满足 T1 查询条件的新数据并提交。如果 T1 再次按这一查询条件读取，那么它将获得不同于第一次读取的数据。

```
T1 ---r(where 1<a<10)-----------------------------r(where 1< a<10)-->
T2 ----------------------add(a=3)---commit------------------->
```

在这个例子中，r(where 1<a<10)表示读取所有大于 1 且小于 10 的数据项；add(a=3)表示添加一个等于 3 的数据项。

根据上面三种异常现象，ANSI/ISO SQL-92 标准中定义了四种不同的**隔离级别**（isolation level），分别是：

- 读未提交（read uncommitted，RU）。
- 读已提交（read committed，RC）。
- 可重复读（repeatable read，RR）。
- 可串行化（serializable）。

在读未提交级别下，会出现前面提到的三种异常现象，每避免一种异常现象就到达一种新的隔离级别：

- 如果避免了脏读，则到达读已提交级别。
- 如果避免了不可重复读，则到达可重复读级别。
- 如果避免了幻读，则到达可串行化级别。

总结这部分内容，如表 13.1 所示。

表 13.1 ANSI/ISO SQL-92 标准中根据异常现象定义的隔离级别

异常现象 隔离级别	脏读	不可重复读	幻读
读未提交			
读已提交	避免		
可重复读	避免	避免	
可串行化	避免	避免	避免

13.1.2 对一致性的破坏

上面我们介绍了三种异常现象以及基于它们的四种隔离级别。读者可能会有这样的疑问：如果出现脏读、不可重复读或者幻读，重新读一遍就好了，为什么要避免这三种异常现象呢？其实出现这三种异常现象不仅仅会导致客户端读取到错误的数据，还会导致数据不一致，也就是破坏了事务的 ACID 中的 C（一致性）特性。而破坏了一致性，就说明数据库中的数据出现了错误。

首先，我们来看脏读对一致性的破坏。

假设存在一个消费数据项（c）和一个余额数据项（b），两个数据加起来要保证总数是 1000。在初始状态消费字段是 0，余额字段是 1000，加起来是 1000。执行下面两个事务：

```
T1 --w(c=100)--w(b=900)----------abort->
T2 -------------------- r(c=100)--------w(c=150)--r(b=1000)--w(b=950)--commit-->
```

事务 T1 执行重新初始化，将 c 设置成 100，将 b 设置成 900；事务 T2 是消费事务，要消费 50，所以这个事务先读取 c，在读取到的 c 的基础上加 50，将结果写入 c，然后读取 b，在读取到的 b 的基础上减去 50，再把结果写入 b。最后，事务 T1 并没有提交，取消了，而事务 T2 对 c 的读操作在取消之前，其他操作在取消之后。这两个事务执行完后，c=150，b=950，c+b>1000。在这种情况下，虽然两个事务分别执行都可以保证不打破约束，但是它们并发执行后，数据库的数据将出现不一致，不再保证 c+b 是 1000。

接下来，我们来看不可重复读对一致性的破坏。

假设有一个根据账户余额发放优惠折扣的功能，读取账户余额，大于 50 则发放优惠折扣，再次读取账户余额，按同样的标准，即大于 50 则记录到汇总报表中。我们用 record() 表示这个操作。可想而知，应该存在这样的约束：优惠折扣与汇总记录同时发生。我们来看下面两个事务的执行：

```
T1 -r(a=0)------------------------r(a=100)--record()->
T2 -------------w(a=100)--commit->
```

事务 T1 读取账户余额，此时账户余额为 0，放弃优惠折扣；事务 T2 更新账户余额为 100。事务 T1 再次读取账户余额，记录到汇总报表中。虽然两个事务单独执行都不会打破约束，但是两个事务并发执行后，优惠信息出现不一致。

最后，我们来看幻读对一致性的破坏。

假设进行订单统计，如日订单统计、月订单统计，应该存在这样的约束：日订单统计和月订单统计是一致的。我们来看下面的例子：

```
T1 -r(where a=today)--d_w(a)--------------------r(where a=this_month)--m_w(a)-->
T2 ---------------------------add(a=100)--commit-->
```

事务 T2 在事务 T1 的日订单统计和月订单统计之间插入了一笔新的交易。虽然两个事务单独执行不会打破约束，但是两个事务并发执行后，日报表和月汇总表数据出现不一致。

从第二个例子和第三个例子可以看出，不可重复读其实是幻读的一个特例，二者都是不可重复读，只是幻读发生在满足条件的一组数据上，当只有一条数据满足条件时，就退化成了不可重复读。

13.1.3　脏写

除了 ANSI/ISO SQL-92 标准中定义的三种异常现象，其实还有一种**脏写**（dirty write）异常现象。脏写是这样定义[1]的：

事务 T1 修改一条数据，然后事务 T2 在事务 T1 提交或者回滚前修改这条数据。如果事务 T1 或者事务 T2 执行回滚，那么就不清楚正确的数据应该是什么。

举例来说，假设数据库存在这样一个约束：x==y。

```
T1  --w(x=1)------------------------w(y=1)--commit-->
T2  ---------w(x=2)--w(y=2)--commit-->
```

在这个例子中，事务 T1 对 x 写入 1，之后事务 T2 对 x 写入 2，再对 y 写入 2，提交。事务 T2 提交后，此时 x 和 y 都是 2。之后事务 T1 对 y 写入 1，提交。在这种情况下，将出现 x(2) != y(1) 的结果。

13.1.4　锁机制

基于锁的实现是一种非常常见的数据库实现技术。我们可以从以下三个维度来区分锁的使用。

- 范围（scope）：这个锁是**数据项锁**（item lock）还是**谓词锁**（predicate lock）。简单来说，数据项锁就是对数据实体加锁，谓词锁就是对某个条件加锁，比如 where a == 1。
- 模式（modes）：这个锁是**读锁**（read lock）还是**写锁**（write lock）。
- 持久（duration）：这个锁是**长周期锁**（long duration lock）还是**短周期锁**（short duration lock），长周期锁会保持到事务结束，短周期锁只在操作执行时加锁。

在基于锁技术实现的数据库中，会出现哪些异常现象，或者说达到什么隔离级别，取决于锁的使用。

- 基本要求：为了保证数据正确地写入，在某一时刻对于某个数据项，只能有一个事务进行写入，从而保证写入数据的完整性。因此需要在写入前对数据加锁，直到写入完成。也就是说，需要加上**短周期数据项写锁**（short duration item write lock）。

- 防止脏写：在写入数据前，给数据加上**长周期数据项写锁**（long duration item write lock），可以防止脏写的出现。比如前面脏写的例子，如果加上了 long duration item write lock，则执行过程如下：

```
T1 -wl(x)--w(x=1)--wl(y)--w(y=1)--commit--ul(x,y)->
T2 -------------------------------------------------wl(x)--w(x=2)--
wl(y)--w(y=2)--commit--ul(x,y)-->
```

在上面的例子中，用 wl(x) 表示对数据 x 加写锁，用 ul(x,y) 表示对数据 x 和 y 加锁结束。

事务 T2 要写入 x 和 y，必须为 x 和 y 加写锁，而这会被事务 T1 对 x 和 y 加的写锁阻塞，直到事务 T1 释放 x 和 y 上的锁。

- 防止脏读：在读取数据前，给要读取的数据加上**短周期数据项读锁**（short duration item read lock），可以防止脏读的出现。比如前面脏读的例子，执行过程如下：

```
T1 ---wl(a)--w(a=1)--abort--ul(a)-->
T2 ---------------------------rl(a)--r(a=0)--ul(a)-->
```

加上 short duration item read lock 后，事务 T2 读取到的 a 的值为 0。事务 T2 要读取 a，必须为 a 加读锁，但是会被事务 T1 为 a 加的写锁所阻塞，直到 T1 释放锁。

- 防止不可重复读：在读取数据前，给要读取的数据加上**长周期数据项读锁**（long duration item read lock），可以防止不可重复读的出现。比如前面不可重读的例子，执行过程如下：

```
T1 --rl(a)--r(a=1)--r(a=1)--commit--ul(a)->
T2 ------------------------------------wl(a)--w(a=2)--commit--ul(a)--->
```

加上 long duration item read lock 后，事务 T1 的前后两次读取都会读取到相同的值。事务 T2 要写入 a，需要为 a 加写锁，而这会被事务 T1 的读锁一直阻塞，直到 T1 提交。

- 防止幻读：在读取数据前，给要读取的数据加上**长周期谓词读锁**（long duration predicate read lock），可以防止幻读。比如前面幻读的例子，谓词锁会锁定 1<a<10 这个区间，事务 T2 向这个区间写入新数据的动作会被阻塞。

13.2　SI 和 SSI 隔离级别

在数据库中，不只有前面介绍的四种隔离级别，在不使用锁技术的数据库中，还存在 SI（Snapshot Isolation）和 SSI（Serializable Snapshot Isolation）隔离级别。

13.2.1　MVCC

除了前面讲解的基于锁的数据库实现技术，还有其他数据库实现技术，比如 MVCC（Multi-Version Concurrency Control）就是非常常见的一种技术。在 MVCC 中，一个数据会被保存为多个版本，如第 9 章所讲的，CockroachDB 就采用这种方式。

采用 MVCC 技术，一般会以时间戳作为数据的版本号。每个事务都会依据时间戳，在事务开始的时候建立一个**快照（snapshot）**，事务后续所有的读操作都会从快照中读取，即使这个数据被修改，也不会读取到修改后的数据，所以也就不会发生脏读；因为每个读操作都是从快照中读取的，不管对同一个数据进行多少次读取，都会读取到相同的数据，所以也就不会出现不可重复读和幻读。

13.2.2　SI 隔离级别

虽然采用 MVCC 技术实现了从快照中读取，从而避免了 ANSI/ISO SQL-92 标准中定义的三种异常现象，但实际上仍然没有达到 serializable 隔离级别，因为并没有避免所有的异常现象。接下来我们就讲解会出现哪些异常现象。

基于 MVCC 技术的实现所达到的隔离级别又不同于 ANSI/ISO SQL-92 标准中定义的任何级别。Hal Berenson 等人在一篇论文[1]中命名了一种新的隔离级别，叫作 Snapshot Isolation(SI)。

采用 SI 隔离级别可以带来非常大的好处。由于事务中的读操作都是从快照中读取数据的，所以不需要对数据加锁，也就不会阻碍写操作，大大提高了数据库的写入性能。

Hal Berenson 等人在提出 Snapshot Isolation 的同时，也批评了 ANSI/ISO SQL-92 标准中定义的隔离级别，因为 ANSI 的隔离级别并不能覆盖所有的隔离级别。

使用快照技术的数据库，虽然不会出现脏读、不可重复读、幻读三种异常现象，但是会出现其他异常现象，也就是不能达到 serializable 隔离级别。本节讲解在 SI 隔离级别中会出现的异常现象。

1. 丢失更新

第一种异常现象是丢失更新（lost update，LU）。丢失更新的定义是：事务 T1 读取一个数据，之后事务 T2 更新这个数据，接下来 T1 也更新这个数据并提交。也就是出现如下情况时，会发生丢失更新：

```
T1 -r1(x)--------------w1(x)---c1-->
T2 ---------w2(x)------------------>
```

此时，w2[x]实际上是没有产生作用的，也就是丢失了。下面举个具体的例子来解释这种异常现象。假设两个事务都在对一个字段进行累加操作，事务 T1 在原有基础上将字段增加 30，事务 T2 在原有基础上将字段增加 40。如果原始字段是 100 的话，则最终正确的结果应该是 170。但是会出现这样的情况：

```
T1 -r1(x=100)-----------------w1(x=130)--c1-->
T2 -r2(x=100)---w2(x=140)---c2-->
```

可以看出，x 的最终结果是 130，也就是事务 T2 增加 40 的这个操作丢失了，虽然数据库已经向事务 T2 的客户端返回了"成功"。

在数据库累加场景中丢失更新是非常可能出现的一种异常现象。比如下面这样的 SQL 语句：

```
update set a = a + 1
```

这条 SQL 语句会被拆解成两个操作，其中第一个操作是读取操作，在读取到的值的基础上加 1；第二个操作是写入操作。如果两个事务同时执行这条 SQL 语句，假设 a 的原始值为 3，那么会出现下面的丢失更新的情况，得不到预期的结果 a=5，而是得到了 a=4，就像其中一个操作没有执行一样：

```
T1 -r1(a=3)---------------w1(a=4)--c1-->
T2 -r2(a=3)---w2(a=4)---c2-->
```

2. 写偏斜

第二种异常现象是写偏斜（write skew，WS）。假设事务 T1 读取 x 和 y，之后事务 T2 写入 x，提交；接下来事务 T1 写入 y，提交。在这种情况下，x 和 y 的数据项约束可能就被打破。

```
T1 -r1(x) r1(y)----------------------------------w1(y)--c1-->
T2 -------------------r2(x)--r2(y)---w1(x)------>
```

我们再举一个银行账户的例子，这次是账户合计。假设一个人有两个账户，只要这个人的账户总额不是负数，单个账户是可以为负数的，保持这个人的账户总额大于 0 的约束。两个事务分别开始检查这个约束，并且分别从两个账户中扣款，事务 T1 从 x 中扣款 60，事务 T2 从 y 中也扣款 60。

```
T1 -r1(x=50)--r1(y=50)-----------------------------------w1(y=-10)--c1-->
T2 -------------------r2(x=50)--r2(y=50)----w2(x=-10)--c2-->#
```

在这个例子中，两个事务各自都认为，其执行后这个人的账户总额是 40，没有违反约束。但是两个事务执行完后，这个人的账户总额变成了负数。

13.2.3　SSI 隔离级别

PostgreSQL 数据库早期只支持 SI 隔离级别，从 20 世纪 90 年代开始探索如何在 SI 隔离级别的基础上，避免脏写和写偏斜，从而达到 serializable 隔离级别[2]。并且开始用 serializable Snapshot Isolation（SSI）命名它的最高隔离级别，但实质上它仍然是 serializable 隔离级别，只是 SSI 是完全基于 MVCC、镜像等技术实现的 serializable 隔离级别，并不是一种新的隔离级别。

与 PostgreSQL 类似，本书第 9 章讲解的 CockroachDB 也是完全基于 MVCC、镜像技术实现的，没有采用任何锁技术，但是它仍然采用了比较传统的 serializable 隔离级别的称呼。

对于 MySQL 和本书第 8 章讲解的 Spanner，虽然它们都采用了 MVCC 和镜像技术，但是在实现 serializable 隔离级别时，仍然采用了基于锁的实现技术。

参考文献

[1] Berenson H, Bernstein P, Gray J, et al. A Critique of ANSI SQL Isolation Levels. ACM SIGMOD Record, 1995.

[2] Ports DRK. Serializable Snapshot Isolation in PostgreSQL. Proceedings of the VLDB Endowment, 2012.8.

第14章
顺序一致性

本书第 7 章 ZooKeeper 提到过顺序一致性，顺序一致性是 Lamport 在 1979 年首次提出的[1]。本章将详细介绍顺序一致性。

14.1　顺序一致性的正式定义

人们遇到一个陌生的概念时，比较常规的做法是，用自己已知的概念和知识体系来理解这个陌生的概念。这是一种非常有效的学习方法，但是这里希望读者暂时不要采用这种方法来阅读这一节。比如你之前听说过顺序一致性，或者听说过强一致性、最终一致性等，这里暂时先放下你之前的理解，按照本节的思路（也就是 Lamport 的思路）来理解顺序一致性。到了 14.3 节，会讲解在其他一些文字（非 Lamport 的论文）中对顺序一致性的描述，到时结合本节所讲来进行综合理解。

如果你之前没有读过 Lamport 的这篇论文，那么这一节就请跟着 Lamport 的思路来看看什么是顺序一致性。

14.1.1　顺序一致性应用的范围

在讲解顺序一致性的定义前，我们先来看看 Lamport 定义顺序一致性的这篇论文的题目中出现的一个关键词，然后讨论顺序一致性的应用范围。Lamport 的这篇论文的题目为：

"How to make a multiprocessor computer that correctly executes multiprocess programs"

论文的题目中包含 multiprocessor 这个词，multiprocessor 是多个处理器的意思，multiprocessor computer 也就是具有多个处理器的计算机系统（本书后续简称为**多处理器计算机**）。从这个关键词来看，顺序一致性是用来定义多处理器计算机和运行在多处理器计算机上的程序的一个特性。

Lamport 的这篇论文的题目可以翻译成"如何产生正确执行多进程程序的多处理器计算机"。也就是说，如果一个多处理器计算机具有顺序一致性的特性，那么这个多处理器计算机就可以保证多进程程序正确运行，后面 14.4 节会解释这个"正确运行"是什么意思（即顺序一致性的作用）。从这个题目还可以看出，顺序一致性应该是并发编程（concurrent programming）领域中的一个概念，但是在分布式系统领域中也常常讨论顺序一致性，比如本书 15.4 节就会讨论 ZooKeeper（ZooKeeper 很明显是一个分布式系统）是顺序一致性的。实际上，多处理器计算机上运行的多个程序，其实也是一种分布式系统（Lamport 在他的分布式系统的开山之作[2]中也阐述了这个观点）。所以，虽然顺序一致性最早是在并发编程领域中提出的，但是它也可以被应用在分布式系统领域中。另外，比较重要的线性一致性（本书第 15 章会讲解线性一致性）最早也是在并发编程领域中提出的，它也被广泛地应用在分布式系统领域中。

14.1.2　顺序一致性的定义

Lamport 的论文中的定义是：当一个系统满足下面的条件时，这个系统就具有**顺序一致性**（sequential consistency）：

"The result of any execution is the same as if the operations of all the processors were executed in some sequential order, and the operations of each individual processor appear in this sequence in the order specified by its program."

翻译如下：

任意执行的结果和好像在处理器上执行的所有操作都按照某一种顺序排序执行的结果是一样的，并且每个处理器上的操作都会按照程序指定的顺序出现在操作序列中。

这段英文的定义很晦涩，因此本节内容也比较难懂，下面会逐步解释，请读者耐心阅读。

个人感受

这是 Lamport 一向的风格，严谨但晦涩，Paxos 算法也是如此，比如 10.3.3 节讲解的 Paxos 算法的选择值过程，Lamport 也是用最少的文字描述出来，也颇晦涩。

14.1.3　核心概念的解释

在解析顺序一致性的定义之前，我先来解释定义中的一些核心概念。

1. 执行和结果

多个**程序**（program）在多处理器计算机上运行，假设有两个程序，第一个程序为 P1，它的代码如下：

```
write(x=1);
read(x);
```

第二个程序为 P2，其代码如下：

```
write(x=2);
```

在实际中，如果这两个程序运行在具有两个处理器的计算机系统上，那么会有很多种可能的执行，每一种可能的执行都可能有不同的结果。下面列举其中几种来说明。

注：在下面的例子中，带箭头的水平虚线代表从左向右时间流逝的方向，每条水平虚线都代表一个处理器，操作出现在水平虚线上的位置描述了这个操作发生的时刻。本节后面的其他例子也采用这种方式说明。

execution 1：

```
P1 ---------------write(x=1)--read(x)-->
P2 --write(x=2)------------------------>
```

read 的结果是：1。

execution 2：

```
P1 --write(x=1)-------------read(x)-->
P2 --------------write(x=2)---------->
```

read 的结果是：2。

execution 3：

```
P1 --write(x=1)--read(x)------------->
P2 ----------------------write(x=2)-->
```

read 的结果是：1。

我们称每一种可能为一个**执行**（execution），每一种可能的执行都有**结果**（result）。例子中 read 方法读取到的值就是结果。

当然，现实的多处理器计算机不会仅仅有上面列举的三种执行，而是会有非常多的执行，并且还会有操作并发执行。比如下面的执行：

execution 4：

```
P1 --write(x=1)-read(x)-->
P2 --write(x=2)---------->
```

但是本节暂时不讲解 execution 4 这样的执行，14.2 节会单独重点讲解 execution 4 这样的并发操作同一个数据的执行，并且在 14.4.1 节中会讲解锁机制与顺序一致性的关系。

2．顺序排序

在处理器的这种上下文中，所有**操作**（operation）一个接一个地执行，并且没有重叠，就是**顺序**（sequential）执行。**排序**（order）是指经过一定的调整，让某种东西按照一定的规则排列，变得有序。比如，算法中的排序算法是 ordering，就是让数组按照从大到小或者从小到大的规则排列。那么，**顺序排序**（sequential order）就是指让所有操作按照一个接一个、没有重叠这样的规则排列。

仍然说前面的例子，如果把运行在两个处理器上的所有三个操作按照一个接一个的规则排列，则可以得到 3!（3!是 3 的排列组合，也就是 $1 \times 2 \times 3$）个可能的排序。#

3．序列

我们刚刚解释过 sequential order 是顺序排序的意思，而排序是一个动作，这个动作会产生结果，该结果产生了一个操作所组成的**序列**（sequence）。这些序列是：#

sequential order sequence 1（sos1）：

```
write(x=2);write(x=1);read(x);
```

sequential order sequence 2（sos2）：

```
write(x=1);write(x=2);read(x);
```

sequential order sequence 3（sos3）：

```
write(x=1);read(x);write(x=2);
```

sequential order sequence 4（sos4）：

```
write(x=2);read(x);write(x=1);
```

sequential order sequence 5（sos5）：

```
read(x);write(x=2);write(x=1);
```

sequential order sequence 6（sos6）：

```
read(x);write(x=1);write(x=2);#
```

如果把每个序列都放在一个处理器上执行，那么也会产生一个结果。我们继续看前面的例子，有 6 个序列，并且会有 6 个结果。

sequential order sequence 1（sos1）的执行：

```
--write(x=2)--write(x=1)--read(x)-->
```

read 的结果是：1。

sequential order sequence 2（sos2）的执行：

```
--write(x=1)-write(x=2)-read(x)-->
```

read 的结果是：2。

sequential order sequence 3（sos3）的执行：

```
--write(x=1)-read(x)-write(x=2)-->
```

read 的结果是：1。

sequential order sequence 4（sos4）的执行：

```
--write(x=2)-read(x)-write(x=1)-->
```

read 的结果是：2。

sequential order sequence 5（sos5）的执行：

```
--read(x)-write(x=2)-write(x=1)-->
```

read 的结果是：0。

sequential order sequence 6（sos6）的执行：

```
--read(x)-write(x=2)-write(x=1)-->
```

read 的结果是：0。

14.1.4　定义解析

解释完几个核心概念后，我们开始解析顺序一致性的定义。在顺序一致性的定义中包含两部分含义，下面分别进行讲解。

第一部分：结果相同

我们先来看定义的第一部分：任意执行的结果和好像在处理器上执行的所有操作都按照某一种顺序排序执行的结果是一样的。

定义中的"任意执行"，就是指任意一种可能的执行，在定义中也可以理解为所有可能的执行。这句话的意思是说，运行在多处理器计算机上的程序，无论有多少种实际的执行的可能，对于每一种可能的执行结果，都好像存在一种顺序排序而产生一个序列，这个序列在一个处理器上执行，每种可能的执行的结果至少与一个序列执行的结果一样。

注意，这个序列不是真实的执行，这里说的是逻辑上的假设，这也就是为什么定义中有一个"好像"的原因。

前面 14.1.3 节列举了两个程序的三种执行 execution 1、execution 2、execution 3，并且也得出了这两个程序的 6 个 sequential order sequence 的执行，那么这三种执行的每一种的结果都至少与一个 sequential order sequence 的执行结果相同，也就是：

```
execution1 = sos1 or sos3
execution2 = sos2 or sos4
execution3 = sos1 or sos3
```

在 14.1.3 节的例子中，如果这个多处理器计算机针对两个程序只产生了这三种执行，那么它是符合第一部分定义的。但是实际中的多处理器计算机还会有更多的执行，14.2 节会详细讲解，这里暂时假设例子中的多处理器计算机只能产生三种执行。

我们从反方向来理解这个定义：如果一个处理器要满足这个定义，那么这个处理器就只允许满足条件的那些执行存在，其他不满足条件的执行都不会出现。

第二部分：程序顺序

定义的第二部分是：并且每个处理器上的操作都会按照程序指定的顺序出现在操作序列中。

定义的这部分是说，如果程序是先 write(x)，后 read(x)，那么只有符合这个顺序的操作序列是满足条件的。在上面的例子中，sos4、sos5、sos6 这三个序列就不满足这部分定义，因为在这三个序列中，write(x=1)在后，read(x)在前，而在程序 P1 中，write(x=1)在前，read(x)在后。

好了，现在我们可以把两部分定义合起来，完整地看一下：

任意执行的结果和好像在处理器上执行的所有操作都按照某一种顺序排序执行的结果是一样的，并且每个处理器上的操作都会按照程序指定的顺序出现在操作序列中。

继续上面的例子，满足程序顺序的序列只有三个，它们是 sos1、sos2、sos3，所有的三种可能的执行的结果都与这三个序列的其中一个的执行结果一样，也就是：

```
execution1 = sos1 or sos3
execution2 = sos2
execution3 = sos1 or sos3
```

我们可以说在这个多处理器计算机上，这两个程序的执行是满足顺序一致性的。进一步深入，如果在一个多处理器计算机上运行的所有程序的所有可能的执行都满足这个定义，那么这个多处理器计算机就是顺序一致性的。

个人感受

从这个定义中可以看出，这个概念的核心就是 sequential order，这也就是 Lamport 将这种一致性模型称为 sequential consistency 的原因。可以说这个命名是非常贴切的。

到这里，我们已经完整地讲解了什么是顺序一致性。但是，细心的读者可能会问：如果 program 是多线程的程序怎么办？我们再将定义中最后一个细节 program 解释一下。program 是指可以直接运行在处理器上的指令序列。这并不是 program 的严格定义，但是要指出的是，这个 program 是操作系统中都没有出现的 "远古时代" 就存在的概念。在这个定义中，program 就是指那个时代的 program。这个 program 里没有进程、线程的概念，这些概念都是在有了操作系统之后才有的。因为没有操作系统，也没有内存空间的概念，所以不像我们现在所说的程序（program），不同的程序有自己独立的内存地址空间。这里说的内存（memory），对于不同的 program 来说是 shared。另外，需要注意的是，program 可以用来说明各种程序，不管是操作系统内核还是应用程序都适用。

14.1.5　在分布式系统中的定义

前面讲过，虽然顺序一致性是针对并发编程领域提出的，但它也是分布式领域中的概念，特别是分布式存储系统。在 *Distributed Systems: Principles and Paradigms* 这本书[3]中，作者稍微修改了一下 Lamport 的定义，让这个定义更贴近分布式领域中的概念。我们来看一下作者是怎么改的：

"The result of any execution is the same as if the (read and write) operations by all processes on the data store were executed in some sequential order and the operations of each individual process appear in this sequence in the order specified by its program."

作者把处理器（processor）换成了进程（process），并且加了在数据存储中（on the data store）这个限定。在 Lamport 的定义中没有这个限定，默认指的是内存（memory）。process 就是指进程，以 ZooKeeper 为例，就是指访问 ZooKeeper 的应用进程。program 不是底层的概念，它也是基于操作系统的应用程序。

在后续章节中，为了理解上的方便，我们有时会用多处理器计算机来举例，有时也会用分布式系统来举例，但两种方式是相同的。

14.1.6　举例说明

下面举例说明如何使用上面的定义来判断一个系统是否满足顺序一致性。我们拿 ZooKeeper 来举例。

假设有三个客户端，分别为 A、B、C。A 向 ZooKeeper 中的 a 写入一个值 1，B 写入一个值 2，C 读取 a。我们观测到，实际的执行如下：

```
A (leader)   --write(a=1)----write(a=2)------------------->
B (follower) -------------------------read(a)&print(a)--->
```

我们以 C 的 print 操作作为结果，A 连接到 leader，先后发起两个写操作，B 连接到一个 follower。从第 7 章中 ZooKeeper 的介绍我们知道，写入复制到 follower 可能出现延迟，所以 B 可能读取到三种可能的结果：null, 1, 2。

那么，前面的这些 ZooKeeper 的执行是不是顺序一致性的呢？我们这样来分析：对于任意排列组合，我们可以得到这三个操作的 6 个排列组合，每一个排列组合都是定义中所说的

sequential order。

sequential order 1：

```
--A_write(a=1)---A_write(a=2)----B_read&print(a)--->
```

结果是 2。

sequential order 2：

```
--A_write(a=2)---A_write(a=1)----B_read&print(a)--->
```

结果是 1。

sequential order 3：

```
--A_write(a=1)---B_read&print(a)--A_write(a=2)----->
```

结果是 1。

sequential order 4：

```
--A_write(a=2)---B_read&print(a)--A_write(a=1)----->
```

结果是 2。

sequential order 5：

```
--B_read&print(a)--A_write(a=1)---A_write(a=2)----->
```

结果是 null。

sequential order 6：

```
--B_read&print(a)--A_write(a=2)---A_write(a=1)----->
```

结果是 null。

可以看出，在 6 个 sequential order 中，sequential order 2、sequential order 4、sequential order 6 不符合程序顺序。而实际的执行的三种结果，分别与 sequential order 1、sequential order 3、sequential order 5 的执行结果相同。也就是说，这些实际的 ZooKeeper 的执行符合顺序一致性。

这是我们举的一个例子，实际上，ZooKeeper 的所有实际执行都符合顺序一致性。

14.2　理解顺序一致性

前面讲解了顺序一致性的正式定义，表面上看，这个定义有些在说废话，但实际上顺序一致性的定义是非常严苛的。本节来说明如何理解顺序一致性的定义是非常严苛的，也就是如何理解顺序一致性的正式定义。

14.2.1　顺序排序

在前面 14.1.3 节的例子中，两个程序的运行只产生了三种执行，但实际中执行要多于三种。我们再列举一些可能的执行，实际中的多处理器计算机还会有下面的可能的执行，两个操作在两个处理器上同时执行。

execution 4：

```
P1 --write(x=1)-read(x)-->
P2 --write(x=2)---------->
```

我们知道，多处理器计算机中的两个处理同时操作一个内存会产生冲突，因此需要一定的机制来解决这种冲突。不管多处理器计算机采用什么机制，顺序一致性都要求所有可能执行的结果与一个 sequential order 的执行结果相同。也就是说，如果 execution 4 = sos1 or sos2，那么这个多处理器计算机就满足顺序一致性。能够满足这一点的解决冲突的机制，往往是一种并发控制机制。

对于分布式系统，如果系统满足顺序一致性，那么多个客户端在这个分布式系统上同时执行操作，也要存在一定的并发控制机制，两个客户端并发执行的操作的结果要与某个 sequential order 的执行结果相同。

总而言之，不管是多处理器计算机还是分布式系统，具体实现内部可以并发执行，但是结果要与顺序执行的结果相同；而要与顺序执行的结果相同，往往需要采用一定的并发控制机制，也就是锁机制，其成本往往是很高的。

14.2.2　程序顺序

除了上面讲的并发执行，在真实的计算机系统中还有可能出现指令重排。经过编译器的优化，编译器可能对实际执行的指令进行重排，也就是可能出现下面这种可能的执行。

execution 5：

```
P1 --read(x)-------write(x=1)----->
P2 ---------write(x=2)------------>
```

P1 经过编译后，编译器可能把 read 指令提前到 write 前执行（execution 5 的例子举得有些生硬，实际中不会出现这种指令重排的优化）。

可以看出，execution 5 = sos 5 or sos 6，但是从前面的定义我们知道，sos5、sos6 都是不符合定义第二部分的要求的，也就是不符合程序顺序，execution 5 是不满足顺序一致性定义的。所以，如果某种多处理器计算机允许 execution 5 出现，那么这种多处理器计算机就不符合顺序一致性。

除了指令重排，处理器中还存在高速缓存，顺序一致性对高速缓存的使用也有要求——可以使用高速缓存，但是结果必须与 sequential order 的执行结果相同。举例说明如下。

execution 6：

```
P1 --write(x=1)--------read(x)----> //write 直接写入内存，read 从高速缓存中读取
P2 -----------write(x=2)---------->
```

实际的计算机系统一般也不会做像这个例子中这样的高速缓存优化，这里仅仅用来举例说明。execution 6 = sos6，但是 sos6 不符合程序顺序。所以，如果实际中真的有多处理计算机做了这样的高速缓存优化，那么该多处理器计算机不是顺序一致性的。

14.2.3 顺序一致性是严苛的

从前面的分析可以看出，顺序一致性是非常严苛的。一种多处理器计算机要想满足顺序一致性，多个程序在多个处理器上运行的效果应"等同"于在一个处理器上顺序执行所有操作的效果。如果这样的话，那么多核的威力基本就消失了。顺序一致性并没有规定多处理器计算机如何实现并发机制，但是要求这种并发机制能够达到顺序执行的效果。此外，顺序一致性也大大限制了编译器指令重排和高速缓存优化。

所以，无论是 Lamport 写顺序一致性这篇论文的 1979 年，还是现在，没有任何一个现实的多处理器计算机实现了顺序一致性。那么，为什么 Lamport 大神提出这样一个不现实的概念呢？后面 14.4 节会继续讨论顺序一致性的作用，也就是为什么 Lamport 要提出顺序一致性。

14.3 顺序一致性的其他描述

如果你之前关注过顺序一致性,那么你可能听过或者看过顺序一致性的很多种不同的描述,它们与 Lamport 的正式定义不尽相同。笔者整理了其中的两种描述,罗列在本节中。这里并不是说这些描述(或者叫通俗描述)不对,笔者选取的都是对顺序一致性的正确描述,主要是想说明如何从正式定义推导出这些描述。即便本节没有把所有对顺序一致性的描述罗列全,读者以后遇到一种新的描述时,也可以通过定义来判断该描述是否正确。在实际使用中,这些描述都可以很好地帮助我们理解一个系统,但是这些描述和正式定义是不等价的,有些描述甚至绕过了正式定义中最核心的 sequential order 的概念。

14.3.1 第一种描述:全局视角一致

在 Wiki[4]中对 Consistency Model 有如下描述:

"writes to variables by different processors have to be seen in the same order by all processors"
(不同的处理器对变量的写操作从所有的处理器角度来看必须是相同的顺序)

我们通过例子来说明如何从正式定义推导出这种描述。下面列出一种我们观测到的实际执行:

```
P0 write(x=1)----------------------------------------------->
P1 -----------write(x=2)----------------------------------->
P2 ---------------------read&print(x)--read&print(x)------>
P3 ---------------------read&print(x)--read&print(x)------>
```

如果这个多核系统符合顺序一致性,那么我们不可能看到这样的执行结果:

```
P2 打印(1,2)
P3 打印(2,1)
```

你可以按照 14.1 节所讲的列出所有排列组合,没有任何排列组合可以得出上面这样的结果。所有能够得到的排列组合,只能产生这样的结果:如果一个处理器看到变量 x 先被赋值 1,再被赋值 2,那么另一个处理器绝不可能看到 x 先被赋值 2,再被赋值 1。这句描述也可以被理解为在顺序一致性的系统中,在全局视角下操作是一致的,并且操作要符合程序顺序。

14.3.2　第二种描述：允许重排序

在 *Distributed systems for fun and profit*[5]这本书中，还有另外一种对顺序一致性的描述，这种描述经常被引用。这种描述相对简单易懂，并且绕过了正式定义中比较晦涩的 sequential order 的概念，所以被接受的程度还是比较高的。该描述是：

"Sequential consistency allows for operations to be reordered as long as the order observed on each node remains consistent."（顺序一致性允许按照与每个节点保持一致排序的条件重排操作。）

下面我们用正式定义推导出这种描述。假设有下面的执行：

```
A -write(a=1)------------------------------------>
B -------------write(a=2)---------------------->
C ------------------------read&print(a)------->
```

执行结果是打印出 a==1。

假设我们能够通过重排序（reorder）来调整操作的实际执行时间，得到一个满足常理的相同结果，那么执行就是顺序一致性的。例如，可以通过重排序得到如下执行：

```
A --------------write(a=1)-------------------->
B -write(a=2)---------------------------------->
C ------------------------read&print(a)------->
```

按照常理，上面重排序后的执行结果应该是打印出 a==1，那么就可以说重排序前的执行符合顺序一致性。

按照顺序一致性的正式定义，可以得出，其实原始执行的结果与下面的 sequential order 的执行结果相同，并且保持了原始执行的程序顺序，所以原始执行符合顺序一致性。

```
-write(a=2)--write(a=1)--read&print(a)->
```

可以看出，重排序后的执行顺序与这个 sequential order 完全一致。

对这种描述有一个更通俗的比喻：每个处理器都是一根烤肉签子，这些处理器上的操作，就好像是每根签子上的烤肉，你可以任意移动（reorder）签子上的烤肉。

14.4 顺序一致性的作用

看到了那么多种对顺序一致性的描述，你是否有这样的疑问：顺序一致性有什么用？为什么人们要研究顺序一致性？为什么 Lamport 的论文[1]影响如此之大？Lamport 的这篇论文算是发表得非常早的一篇关于一致性的论文，之后很多关于一致性的论文都会引用它。可以说，这篇论文对并行计算领域和分布式计算领域产生了巨大的影响。前面 14.3 节中列举了一些常见的对顺序一致性的描述，只要是在实际中能够帮助我们分析系统是否满足顺序一致性的描述，我们就都可以采用。但是，我们还是需要对正式定义有深刻的理解，因为只有正式定义准确描述了 sequential order，这个概念是顺序一致性的核心，也指明了顺序一致性的作用。

14.4.1 并发条件

关于顺序一致性的作用，Lamport 在论文[1]中已经给出，下面列出 Lamport 在论文中给出的一个小例子。例如有两个进程，它们分别执行的代码如下：

process 1：

```
a := 1;
if b = 0 then critical section:
     a := 0
  else … fi
```

process 2：

```
b := 1;
if a = 0 then critical section:
     b := 0
  else … fi
```

Lamport 在论文中说，如果一个多处理器计算机满足顺序一致性的条件，那么最多只有一个程序能够进入 critical section。

> **个人感受**
>
> 　　在论文中，Lamport 并没有解释为什么最多只有一个程序能够进入 critical section。而是把这个证明留给了论文的读者，就像教科书中的课后习题一样，留给读者来做。Lamport 应该是认为这个证明太简单了，不应该花费笔墨来证明它。这篇 sequential consistency 论文只有不到两页 A4 纸，是笔者见过的最短的论文。这是 Lamport 一向的做事风格，比如在 Lamport 的 Paxos 论文中，有很多细节都是一笔带过的，给读者留下无尽的遐想。

　　这个例子说明了什么呢？你也许注意到了，这个例子没有用到任何锁，但是它实现了 critical section。critical section 是一种多线程 synchronization 机制。如果多处理器计算机是顺序一致性的，那么你写的并发程序"天然就是正确的"。也就是说，顺序一致性是程序正确执行的**并发条件**（concurrency condition）。在第 15 章中，还会介绍线性一致性，它也是一种并发条件。所以，为了保证分布式系统的正确性，各种分布式系统纷纷满足顺序一致性。只要实现了顺序一致性，在各种并发的场景下分布式系统天然地就能正确执行。

　　为什么顺序一致性是并发条件呢？因为只要系统满足顺序一致性，这个系统上任何执行的结果就和在一个处理器上顺序执行的结果是一样的。也就是说，并发执行的结果和消除并发后顺序执行的结果是一样的。虽然 Lamport 给出的定义是不限制任何具体实现的，在实现上可以让操作并发执行，但是其结果要和顺序执行的结果一样。也就是说，在定义上只要求了结果，在实现上是可以进行可能并发优化的，只要你能做到。很多实际的系统告诉我们，没有多少并发优化的手段可以用，实现顺序一致性就是将所有的请求操作顺序执行，系统中没有并发操作。

14.4.2　原子性

　　在 14.3 节中，我们介绍了两种对顺序一致性的描述，这里再介绍一种，进一步从实现的角度来说明顺序一致性的作用。在 Wiki[4]中对 Consistency Model 有如下描述：

　　"In order to preserve sequential order of execution between processors, all operations must appear to execute instantaneously or atomically with respect to every other processor."（为了保留处理器之间的执行的顺序排序，所有的操作在每个处理器上都必须好像是原子执行或者瞬间执行。）

　　举个例子来说明为什么操作需要是原子操作。在举例前，给出一个非常不严谨的原子操作的定义：**原子操作**就是指操作是不可分割的、不可中断的，要么全部成功，要么全部失败。

　　假设有一个分布式系统，对外提供两个操作：write(a,b)和 read(a,b)，其中 write(a,b)表示操作接受参数 a、b，并将这两个参数写入系统中；read(a,b)表示从系统中读取 a、b 这两个变量。

只有当 write(a,b) 和 read(a,b) 这两个操作都是原子操作时，整个系统才可能是顺序一致性的。

如何从顺序一致性的定义推导出这个结论呢？首先假设 write(a,b) 和 read(a,b) 不是原子操作，并且我们观测到下面这样一个实际的执行：

```
P1 --write(a=1,----------------------b=1)---->
P2 -----------read(a,b)--------------------->
```

结果是：a==1, b==null。

因为 write(a,b) 不是原子操作（在实际中是有这种可能的），对变量 a 完成了赋值操作，这时操作被中断，read(a,b) 操作开始执行，当 read(a,b) 执行完后，write(a,b) 操作恢复并且完成对 b 的赋值。

按照顺序一致性的定义，排列组合这个例子中的两个操作，能够得到两个 sequential order：

sequential order 1：

```
-write(a=1,b=1)--read(a,b)
```

结果是：a==1, b==1。

sequential order 2：

```
-read(a,b)--write(a=1,b=1)
```

结果是：a==null, b==null。

两个 sequential order 的执行结果和实际执行的结果不一样，所以系统不可能是顺序一致性的。

同样，我们可以推导出，当 write(a,b) 和 read(a,b) 是原子操作时，系统才可能是顺序一致性的。也就是说，当所有操作都是原子操作，并且符合程序顺序时，系统满足顺序一致性。

但是要注意，我们现在说的这种描述，只是正式定义的一个必要条件，不是充分条件。也就是说，如果满足这种描述，那么系统是满足顺序一致性的。但是满足顺序一致性的系统，不一定满足这种描述，也就是操作不是原子操作，也可能满足顺序一致性。我们看下面的执行：

```
P1 --write(a=1,-------b=1)------>
P2 -----------read(a,-------b)-->
```

执行结果是：a==1, b==1。

具体的执行过程如下：

（1）运行程序 P1 的处理器对 a 完成赋值操作后，中断。

（2）运行程序 P2 的处理器开始读取 a。

（3）读取完成后，程序 P1 的处理器中断恢复，继续执行对 b 的赋值。

（4）赋值完成后，程序 P2 的处理器中断恢复，读取 b。

在这种情况下，所得到的结果是：a==1, b==1。

同理，排列组合这两个操作，可以得到执行结果相同的 sequential order 如下：

```
--write(a=1,b=1)-read(a,b)->
```

执行结果是：a==1, b==1。

最后补充一点，描述中还提到了**瞬间**（instantaneously），也就是操作瞬间完成。这与原子操作类似，可以被看作是一种特例的原子操作，因为操作瞬间完成，也就是不可能被中断。我们也可以通过正式定义推导出这个结论。

在其他文献中也可以看到类似的描述，比如在 *Distributed systems for fun and profit*[5]中对顺序一致性也给出了类似的描述：

"Under sequential consistency, all operations appear to have executed atomically in some order that is consistent with the order seen at individual nodes and that is equal at all nodes."（在顺序一致性的条件下，所有操作好像都是原子操作，并且单个节点看到的顺序与所有节点看到的顺序是相同的。）

可以看到，本节中提到的描述和正式定义不是等价的，这也是笔者称之为"描述"的原因，因为不等价，所以不能称之为另一种形式的定义。

参考文献

[1] Lamport L. How to make a multiprocessor computer that correctly executes multiprocess programs. IEEE Transactions on Computers, 1979.

[2] Lamport L. Time, Clocks, and the Ordering of Events in a Distributed System. Communications of the ACM, 1978

[3] Tanenbaum AS, Steen MV. Distributed Systems: Principles and Paradigms. Pearson, 2006.

[4] Consistency Model. https://en.wikipedia.org/wiki/Consistency_model.

[5] Distributed systems for fun and profit. http://book.mixu.net/distsys/abstractions.html.

第 15 章
线性一致性与强一致性

第 14 章讲解了顺序一致性的正式定义，本章我们来讲解线性一致性的正式定义。线性一致性是由 Maurice P. Herlihy 和 Jeannette M. Wing 在 1990 年首先提出的，论文[1]的题目是 "Linearizability: A Correctness Condition for Concurrent Objects"。

由于篇幅的限制，本章省略了论文中的很多内容，并且在保留的内容中，也没有按照论文原文直接翻译给出，因为给出原文会引出很多新的概念需要展开解释。如果你对这个正式定义也感兴趣的话，则可以阅读原始论文[1]，或者翻看论文的作者 Maurice 写的一本书 *The Art of Multiprocessor Programming*[2]，这本书里也详细地给出了与论文相同的定义。

15.1　什么是线性一致性

不同于顺序一致性只有一句话的定义，线性一致性的定义是一个由具有紧密关系的一系列概念组合而成的，而且更像一个数学定义。线性一致性采用顺序一致性的核心概念，如果你已经理解了顺序一致性的正式定义，那么理解线性一致性就相对简单了。但总体来说，这一节内容还是比较枯燥的。

个人感受

如果你有兴趣阅读线性一致性的论文，这里给你一个提示：论文中有两处错误，其中一处无伤大雅；另一处会影响你对线性一致性的理解。笔者向论文的作者进行求证，他表示这两处的确是论文书写的疏漏。其中一处错误，本节中也会涉及。

接下来，我们还是按照论文的思路，讲解什么是线性一致性。

15.1.1　预备概念

1．操作（operation）

操作包括调用（invocation）事件（也就是操作的开始）和对应的返回（associated response）事件（也就是操作的结束）。

2．历史（history）

历史是一个非常重要的概念，如果你阅读过一些关于线性一致性的文章，那么你一定看到过 history 这个词。基本上，你看到线性一致性的文章中使用 history 一词，就是这里要给出的定义。那么，历史是怎么定义的？论文的原文是：

"A history is a finite sequence of operation invocation and response events."（一个历史是一个由有限个操作的调用事件和返回事件组成的序列。）

3．匹配（match）

同一个操作的调用事件和返回事件是匹配的。

4．顺序（sequential）

顺序是一个非常重要的概念，这里的顺序，其实和顺序一致性中的 sequential order 是同一个意思，只不过论文里给出了更明确的定义。论文的原文是：

"A history H is sequential if:

(1) The first event of H is an invocation.

(2) Each invocation, except possibly the last, is immediately followed by a matching response. Each response is immediate followed by a ~~matching~~ invocation."

翻译如下：

一个历史 H 在下面的条件下是顺序的：

（1）H 的第一个事件是调用事件。

（2）除了最后一个事件，每个调用事件后面都紧跟着匹配的返回事件。每个返回事件后面都紧跟着一个匹配的调用事件。

个人感受

前面我们说过的其中一处错误就在这里，在第二个条件中，不应该有第二个 matching，而应该是"by an invocation"，也就是"紧跟着一个（其他的）调用事件"。

5. 偏序（partial order）

偏序在 Lamport 的一篇分布式系统的开山之作[3]里也有定义，和线性一致性论文中的偏序的定义相同。在线性一致性的论文中，偏序的定义如下：

两个操作 e0 和 e1，如果操作 e0 的返回事件在操作 e1 的调用事件之前，那么 e0 和 e1 就存在偏序关系。

个人感受

"偏序"这个词不太好理解。偏序（partial order）和全序（total order）是相对立的，偏序是指部分有序，也就是非全部有序。有一个成语叫作"以偏概全"，和这里是一个意思。

6. 子历史（subhistory）

历史 H 中某个进程的所有调用事件和返回事件组成的子序列叫作**进程子历史**（process subhistory）。

7. complete(H)

论文的原文是：

"complete(H) is the maximal subsequence of H consisting only of invocations and matching response."

翻译如下：

complete(H)是仅仅包含调用事件和匹配的返回事件的最大子序列。

8．等价的（equivalent）

两个历史 H 和 H′，如果历史 H 的每个进程的子历史和历史 H′的进程子历史相等，则 H 和 H′是等价的。

15.1.2　定义

上面介绍完了线性一致性的定义所需要的所有预备概念，下面是线性一致性的定义。

一个历史 H，如果能够通过在末尾添加返回事件成为历史 H′，并且历史 H′满足以下两个条件，那么历史 H 就是线性的。

L1：complete(H′)等价于某个合法的顺序历史 S。

L2：H 中的偏序关系在 S 中也存在。

我们对该定义中的历史 H 进行解释。如果存在一个观测到的执行，那么按这个执行中的每个调用事件和返回事件的实际执行时间构成的一个事件序列，就是历史 H。

个人感受

在通常情况下，每个调用事件和返回事件都有确定的发生时间，我们按这个发生时间的顺序得到一个确定的历史 H，如果恰巧出现了发生时间完全相同的两个事件怎么办？可以把这两个事件任意排列，谁先谁后都可以，这并不影响对线性一致性的判断。这一点在论文中并没有提到，笔者通过邮件从论文的作者 Maurice 那里得到确认。

那么，如何得到 S 呢？类似于 14.1 节中介绍的顺序一致性，我们可以排列组合所有的事件，从中找到符合顺序要求的历史。如果所找到的历史也是合法的，那么这个历史就可以是 S。由于继续展开要引入很多概念，本节给出的定义中并未按照论文中的定义说明什么是合法，下一节会使用一个例子来说明什么是合法。

15.2　判断系统是否满足线性一致性

在上一节中，我们已经讨论了线性一致性的正式定义。本节继续讨论如何根据线性一致性的正式定义判断一个系统是否满足线性一致性。

如果一个系统满足线性一致性，那么这个系统所有可能的实际执行的历史都必须是线性的。因此判断一个系统是否满足线性一致性的关键，就转变成判断一个历史是否是线性一致性的。下面我们举例来说明如何根据上一节讲解的定义判断一个历史是否是线性一致性的。这里使用线性一致性论文[1]中的例子，判断一个先进先出的队列是否是线性一致性的。这个队列支持两个操作：入队（enqueue）操作（简记成 E）和出队（dequeue）操作（简记成 D）。

例子 1：比如有图 15.1 所示这样的一个实际执行。

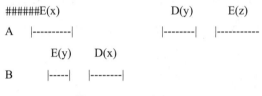

图 15.1　execution 1

在图 15.1 中，有两个客户端 A 和 B 一起操作这个队列，我们用 E(x) 表示对变量 x 进行入队操作，用 D(x) 表示对变量 x 进行出队操作。横虚线表示一个操作的执行，竖线表示一个操作的调用事件或者返回事件。

按照调用事件和返回事件的执行时间，我们可以得到如下实际执行的历史 H：

`[E(x)A, E(y)B, Ok()B, Ok()A, D(x)B, Ok()B, D(y)A, Ok()A, E(z)A]`

在这个历史 H 中，E(x)A 表示客户端 A 对变量 x 进行入队操作的调用事件，Ok()B 表示客户端 B 的某个操作的返回事件。根据图 15.1 我们可以推断出这个返回事件具体与哪个调用事件相匹配，所以就不进行具体的区分了。

我们先在历史 H 的尾部填充一个 Ok()A，得到历史 H′：

`[E(x)A, E(y)B, Ok()B, Ok()A, D(x)B, Ok()B, D(y)A, Ok()A, E(z)A, Ok()A]`

历史 H′ 的 complete(H′) 为：

`[E(x)A, E(y)B, Ok()B, Ok()A, D(x)B, Ok()B, D(y)A, Ok()A, E(z)A, Ok()A]`

排列组合这个序列，可以得到下面的历史 S：

`[E(x)A, Ok()A, E(y)B, Ok()B, D(x)B, Ok()B, D(y)A, Ok()A, E(z)A, Ok()A]`

这个历史 S 是一个顺序历史，也就是所有的调用事件后面都紧跟着匹配的返回事件。

历史 H 满足定义的两个条件：

- 两个历史是等价的。这是因为历史 H 对于客户端历史 A 的子历史[E(x)A, Ok()A, D(y)A, Ok()A, E(z)A, Ok()A]（把历史 H 中所有 B 进程的事件去掉）等于历史 S 对于客户端 A 的子历史[E(x)A, Ok()A, D(y)A, Ok()A, E(z)A, Ok()A]（把历史 S 中所有 B 进程的事件去掉）；同理，历史 H 对于客户端 B 的子历史等于历史 S 对于客户端 B 的子历史。

- 历史 H 中存在偏序关系，即 Ok()A->D(x)B, Ok()B->D(x), Ok()B->D(y)A, Ok()A->E(z)A, 其中->表示两个事件存在偏序关系（也就是第一个事件在第二个事件之前发生），所有这些偏序关系在历史 S 中仍然保持。

所以历史 H 是线性一致性的，图 15.1 所示的执行也是线性一致性的。

例子 2：如果有图 15.2 所示的实际执行，那么可以得到历史 H：

```
[E(x)A, ok()A, E(y)B, D(y), ok()B, ok()A]
```

但是，排列组合历史 H 中的所有事件，找不到一个历史 S，满足顺序且合法这样的条件。

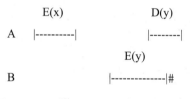

图 15.2　execution 2

例如有下面的历史 S：

```
[E(x)A, ok()A, E(y)B, ok()B, D(y), ok()A]
```

　　这个历史 S 是顺序的，与历史 H 是等价的，保持了偏序关系，但是它不合法。一个队列结构，先入队 x，那么一定要先出队 x，不能像历史 S 那样，先出队 y。本书省略了对合法的定义，采用这个例子来说明什么是**合法**。

　　因为找不到符合条件的历史 S，所以历史 H 不是线性一致性的，图 15.2 所示的执行也就不是线性一致性的。

15.3　对线性一致性的理解与强一致性

本节讲解如何理解线性一致性。首先，就像讲解顺序一致性一样，列举线性一致性的其他描述。然后，对顺序一致性和线性一致性进行比较。最后，讲解普遍为人所知的强一致性，以及强一致性与线性一致性的关系。

15.3.1　线性一致性的其他描述

我们来看 Wiki[4]中线性一致性的定义：

"A history σ is linearizable if there is a linear order of the completed operations such that:

1. For every completed operation in σ, the operation returns the same result in the execution as the operation would return if every operation was completed one by one in order σ.

2. If an operation op1 completes (gets a response) before op2 begins (invokes), then op1 precedes op2 in σ.

In other words:

1. its invocations and responses can be reordered to yield a sequential history;

2. that sequential history is correct according to the sequential definition of the object;

3. if a response preceded an invocation in the original history, it must still precede it in the sequential reordering."

将这段拗口的英文翻译如下：

一个历史 σ 存在满足下面条件的完成的操作的线性排序：

1. 对于 σ 中每个完成的操作，该操作返回的结果与每个操作一个接一个地完成返回的结果相同；

2. 如果操作 op1 在操作 op2 开始（也就是调用）之前完成（也就是得到返回），那么在历史 σ 中 op1 在 op2 之前。

这两个条件也可以被表述成下面三个条件：

1. 这个历史中的调用事件和返回事件可以被重排序生成一个顺序历史；

2. 按照对象的顺序定义，顺序历史是正确的（其实就是前面 15.2 节的"例子 2"中所说的合法）；

3. 如果在原始的历史中一个返回事件在一个调用事件之前，那么在顺序排序中这个返回事件必须还是在前面。

Wiki 中的这个定义，无论是两个条件的表述还是三个条件的表述，基本上与论文中所说的一样，只是具体描述有些不同。

15.3.2　线性一致性与顺序一致性的比较

我们把线性一致性与第 14 章讲的顺序一致性进行对比。

1.　正确性条件

与顺序一致性一样，线性一致性也是一种**正确性条件**（correctness condition），我们从线性一致性论文的题目（"Linearizability: A Correctness Condition for Concurrent Objects"）上可以看出这一点，线性一致性是一种并发对象的正确性条件。

2.　原子性

顺序一致性定义的第一部分与线性一致性定义的第一个条件是一样的，都是在说实际执行与顺序执行结果相同，即与顺序执行等价，所以线性一致性同样具有原子性。线性一致性也被称为原子一致性。

3.　实时性

顺序一致性定义的第二部分与线性一致性定义的第二个条件是不一样的。顺序一致性只要求保持程序顺序，而线性一致性要求保持偏序关系。保持偏序关系是一种更苛刻的要求，所以线性一致性是比顺序一致性更强的一种一致性。保持偏序关系给线性一致性赋予了顺序一致性所不具有的一个特性，那就是实时性。

图 15.3（a）的上半部分表示了一种实际的顺序一致性的执行，在 P1 和 P2 两个进程的实际执行中，write(x)发生在 read(x)之前，顺序一致性允许实际执行与下半部分的 sequential order 执行结果相同。这就好像 read(x)的实际执行时间在 write(x)方法执行之前；或者说 read(x)方法的生效时间在 write(x)执行之前。read(x)方法读取到历史数据，也叫作陈旧读。

　　而图 15.3（b）的上半部分表示了一种实际的线性一致性的执行，在线性一致性下，不允许图（a）中的情况出现，只允许图（b）下半部分中这样的 sequential history 出现，这是因为要保持偏序关系，也就是在实际执行中，如果 write(x) 方法的返回事件在 read(x) 方法的调用事件之前，那么在 sequential history 中也同样是这样的。这就好像所有方法的实际执行一定是在调用事件之后，并且在返回事件之前；或者说方法的生效时间一定是在调用事件之后，并且在返回事件之前。read(x) 方法不会读取到旧数据。

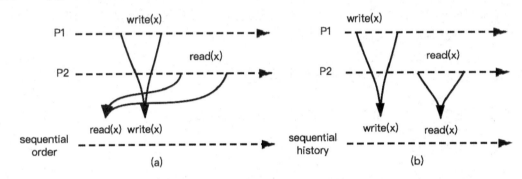

图 15.3　线性一致性的实时性

15.3.3　强一致性

Werner Vogels 在 2008 年从即时性（recency）的角度定义了强一致性（strong consistency）[5]：

"After the update completes, any subsequent access will return the updated value."（在更新完成之后，任何后续的访问都会返回更新的值。）

从前面线性一致性的实时性的讨论中，我们可以知道，在线性一致性下不会读取到旧数据，而是会读取到最新的数据，所以线性一致性符合强一致性的要求。

Martin Kleppmann 用类似的定义非正式地描述了线性一致性[6]：

"If operation B started after operation A successfully completed, then operation B must see the the system in the same state as it was on completion of operation A, or a newer state."（如果操作 B 在操作 A 成功完成之后开始，那么操作 B 一定能看到与操作 A 完成时相同的系统状态，或者看到更新的系统状态。）

15.4　ZooKeeper 的一致性分析

本节分析 ZooKeeper 这个分布式系统的一致性，通过对 ZooKeeper 的分析，我们可以更好地理解第 14 章讲的顺序一致性和本章讲的线性一致性。

15.4.1　ZooKeeper 是顺序一致性的

前面详细讲过线性一致性和顺序一致性，也详细讲过 ZooKeeper 的核心算法——Zab 算法，基于这些内容，下面来具体分析 ZooKeeper 的一致性。

1．Zab 算法保证线性写入

虽然一个客户端可以连接任意一台服务器提交对 ZooKeeper 的数据修改请求，但是 Zab 算法会选出一个 leader，所有的修改请求都会被转发到 leader，leader 会执行原子广播算法，并将这个修改应用到所有服务器上。leader 顺序执行每一个接收到的请求，Zab 算法实现了写操作的线性一致性。

2．陈旧读

如果考虑读操作的话，ZooKeeper 系统就不是线性一致性的，从本章前面对线性一致性的介绍中我们知道，具有线性一致性的系统的读操作会读取到最新的数据。ZooKeeper 的读操作不会被转发给 leader 执行，而是在所连接的服务器的本地执行，从第 12 章 Zab 算法的介绍中我们得知，某台服务器上的数据不一定是最新的，客户端可能读取到旧数据，所以 ZooKeeper 的读操作是不满足线性一致性的。

3．在 follower 上读

ZooKeeper 的读操作从本地读能够读取到旧数据，不能达到线性一致性，那么它能不能达到顺序一致性呢？

我们来分析一种特殊的情况：连接到 leader 的客户端只进行写操作，连接到 follower 的客户端只进行读操作。在这样的情况下，ZooKeeper 是满足顺序一致性的。

4．在 follower 上读和写

如果在 follower 上接受写请求，那么情况就不一样了。我们回顾第 7 章的内容，来说明在 follower 上接受写请求的场景。如果没有第 7 章中所讲的写入等待，那么会出现一种现象，破坏了顺序一致性。第 7 章中的图 7.5 描述的 ZooKeeper 的执行如下：#

```
C2(follower): -w(x=1)--r(x)->
```

在这个例子中，C2(follower)表示 C2 客户端连接到一个 follower。

根据第 7 章所讲的内容，C2 可能会读取到以下两种不同的结果。

- 结果 1：如果这个 follower 还没有收到 x=1 的变更（即没有收到 COMMIT 消息），那么 C2 将读取不到 x=1。
- 结果 2：如果这个 follower 收到 x=1 的变更（即已收到 COMMIT 消息），那么 C2 将读取到 x=1。

按照第 14 章中所讲的顺序一致性的定义，我们知道，从单个进程的角度来讲，所有操作都是按照程序中的顺序执行的。也就是说，如果写入了一个值，在同一个进程内后续的读操作一定能够读取到至少比这个写入更新的值。从这个结论我们可以得出，"结果 1"在顺序一致性的系统中是不应该存在的，也就是不满足顺序一致性。

在第 7 章 ZooKeeper 的介绍中，讲解了在 follower 转发写请求给 leader 后，follower 要确认这次转发的写入已经通过 Zab 算法复制到本地，然后才会给客户端返回成功，这种写入等待使 ZooKeeper 达到顺序一致性。

5．ZooKeeper 整体上是顺序一致性的

综合前面的分析，可以得出结论：ZooKeeper 整体上是顺序一致性的。

6．共识算法与一致性

从前面所讲的内容可以看出，Zab 算法是不能保证顺序一致性的，还要控制好读操作的流程才能让 ZooKeeper 整体（读+写）达到顺序一致性。使用 Zab 算法，仅仅能保证写操作达到线性一致性。与此相同，前面所讲的 Paxos 算法、Raft 算法也是如此。

15.4.2 ZooKeeper 的一致性的作用

至此，我们对 ZooKeeper 的一致性的完整分析就讲完了。那么，ZooKeeper 实现这样的一致性有什么用处呢？在 14.4 节中我们介绍过顺序一致性的作用，接下来就以 ZooKeeper 为例来进一步说明。

1. ZooKeeper 的顺序一致性的作用

我们以使用 ZooKeeper 实现一个分布式锁为例来说明。使用 ZooKeeper 实现分布式锁有类似于下面的伪代码：

```
Lock()
1 n = create (l + "/lock-", EPHEMERAL|SEQUENTIAL)
2 c = getChildren (l, false)
3 if n is lowest znode in c, then get lock and return
4 p = znode in C ordered just before n
5 if exist (p, true) wait for watch event
6 goto 2
```

这段伪代码能够保证只有一个客户端获得锁，其基本思想是每个客户端都创建一个 znode，所有的 znode 形成一个单调有序的队列，而排在队列最前面的客户端获得锁，其余的客户端进入等待状态。可以看出，这个思想能够成立的核心就是，即便有多个客户端同时创建 znode，ZooKeeper 也仍然能满足下面的两个保证：

- 形成单调有序的队列。
- 所有的客户端都会看到队列的同一个视图。

可以看出，顺序一致性能够满足这两个保证。

从顺序一致性的定义可知，满足顺序一致性的系统的任何可能的执行结果都会与某个 sequential order 的执行结果相同，相当于依次执行每一个客户端的 create 方法，所以能够保证创建出单调有序的 znode 队列。

从 14.3 节中顺序一致性的第一种描述可知，所有客户端的全局视角一致，因此所有的客户端一定都会看到队列的相同的视图。从而可以得出一个结论：ZooKeeper 的顺序一致性保证 ZooKeeper 具有正确的并发行为，也就是保证 ZooKeeper 可以作为协调服务来使用。具体来说，对于分布式锁来说，顺序一致性保证只有一个客户端能获得锁。

2．ZooKeeper 的线性一致性的作用

前面的 15.4.1 节讲过，ZooKeeper 的写操作具有线性一致性。既然 ZooKeeper 具有顺序一致性就可以满足 ZooKeeper 作为协调服务的要求，那么 ZooKeeper 为什么还要实现比顺序一致性更强的线性一致性呢？这是因为从实现难度的角度来讲，顺序一致性读+线性一致性写的实现难度要比单纯的顺序一致性低。虽然顺序一致性没有 ZooKeeper 所实现的一致性强，但顺序一致性反而是不好实现的一种一致性。

15.4.3　ZooKeeper 的一致性的描述

下面罗列了三种关于 ZooKeeper 的一致性的描述。

1．论文中的描述

我们先来看 ZooKeeper 论文中的描述。ZooKeeper 开源项目的两个主要作者 Patrick Hunt 和 Flavio P. Junqueira，在 2010 年发表的论文[7]中详细介绍了 ZooKeeper，在论文中这样描述了 ZooKeeper 的一致性：

"ZooKeeper has two basic ordering guarantees:

- Linearizable writes: all requests that update the state of ZooKeeper are serializable and respect precedence.
- FIFO client order: all requests from a given client are executed in the order that they were sent by the client."

翻译如下：

ZooKeeper 有两个基本的顺序保证：

- 线性写：所有对 ZooKeeper 进行更新的请求都是线性的，并且保持优先顺序。
- FIFO 客户端顺序：某个客户端的所有请求都是按照它们被发送的顺序执行的。

FIFO 客户端顺序保证也就是顺序一致性中的程序顺序保证。

2．社区文章的描述

上面介绍的是 ZooKeeper 的作者在 2010 年发表的 ZooKeeper 论文中所采用的描述，但在 ZooKeeper 的社区文档[8]中却没有采用这种描述，ZooKeeper 的社区文档是这样描述的：

"ZooKeeper's consistency guarantees:

- Sequential Consistency: Updates from a client will be applied in the order that they were sent.
- Atomicity: Updates either succeed or fail -- there are no partial results.
- Timeliness: The clients view of the system is guaranteed to be up-to-date within a certain time bound （on the order of tens of seconds）. Either system changes will be seen by a client within this bound, or the client will detect a service outage."

翻译如下：

ZooKeeper 的一致性保证包括：

- 顺序一致性：一个客户端的更新会按照它们被发送的顺序应用。
- 原子性：更新要么成功，要么失败，没有部分生效。
- 及时性：客户端对系统的视图保证在某一时间范围（在 10 秒的数量级）内是最新的。系统的变更要么在这个时间范围内会被客户端看到，要么客户端会检测到服务宕机。

3．其他人的描述

这里还有第三种描述，参考论文 "Modular Composition of Coordination Services" [9]。这篇论文不是专门讨论 ZooKeeper 的一致性的，而是讨论一种水平扩展协调服务的方法的，文中以 ZooKeeper 为例来说明，在展开自己的讨论前，概括了协调服务的一致性：

"typical semantics of coordination services – atomic （linearizable） updates and sequentially-consistent reads"

翻译如下：

协调服务的典型语义是原子（线性）更新和顺序一致性读。

参考文献

[1] Maurice P. Herlihy, Jeannette M. Wing. Linearizability: A Correctness Condition for Concurrent Objects. ACM Transactions on Programming Languages and Systems, 1990.

[2] Herlihy M, Shavit N. The Art of Multiprocessor Programming. Morgan Kaufmann, 2008.

[3] Leslie Lamport. Time, Clocks, and the Ordering of Events in a Distributed System. Communications of

the ACM, 1978.

[4] Linearizability. https://en.wikipedia.org/wiki/Linearizability.

[5] Vogels W. Eventually Consistent - Revisited, 2008. http://www.allthingsdistributed.com/2008/12/eventually_consistent.html.

[6] Kleppmann M. Please stop calling databases CP or AP, 2015. https://martin.kleppmann.com/2015/05/11/please-stop-calling-databases-cp-or-ap.html.

[7] Patrick Hunt, Mahadev Konar, Flavio P. Junqueira, Benjamin Reed. ZooKeeper: Wait-free Coordination for Internet-scale systems. USENIXATC'10: Proceedings of the 2010 USENIX conference on USENIX annual technical conference, 2010.

[8] Consistency Guarantees. http://zookeeper.apache.org/doc/current/zookeeperProgrammers.html#ch_zkGuarantees.

[9] Kfir Lev-Ari, Edward Bortnikov, Idit Keidar, Alexander Shraer. Modular Composition of Coordination Services. USENIX Annual Technical Conference, 2016.

第16章
架构设计中的权衡

一致性是分布式系统非常核心的特性。之所以说核心，是因为一致性会影响到其他很多特性，比如可用性、性能等。在分布式系统的架构设计中，需要在这些分布式特性之间选择一个平衡点，这种平衡被称为权衡（tradeoff）。分布式系统的专家在不断地探索着这个权衡，并且总结出几个非常重要的相关理论。本章会介绍其中的三个理论。在这些理论中最早出现、影响最大的要数 CAP 定理，本章就从 CAP 定理说起。

16.1 什么是 CAP 定理

首先来看一下什么是 CAP 定理。在互联网行业，分布式系统越来越重要，对分布式系统的研究也越来越多。使用分布式系统，或多或少、或早或晚都听说过 CAP 这个词。相信很多架构师都按照这个定理在指导自己的架构设计，CAP 定理在分布式系统的架构设计中起着非常重要的作用。

16.1.1 CAP 历史：从原则到定理

CAP 定理是由 Eric A. Brewer 提出的，在 Eric A. Brewer 写的一篇文章[1]中，介绍了 CAP 定理的一些历史。

Eric A. Brewer 最早在 1999 年发表的论文 "Harvest, Yield, and Scalable Tolerant Systems" [2]

中提到了 CAP，在这篇论文中它被称为 CAP 原则（CAP principle）。一年之后，在 2000 年的 PODC 大会上，Eric A. Brewer 的题目为 "Towards Robust Distributed Systems" 的演讲[3]让这个理论被大家广泛知道，就是这次演讲让 CAP 定理广为流传。虽然 Eric A. Brewer 提出了 CAP，但是他仅仅提出了一个假设，并没有证明 CAP 是正确的。在 2002 年，Seth Gilbert 和 Nancy Lynch 联合发表了一篇论文[4]，在这篇论文中证明了 CAP 的正确性，此后 CAP 真正成为一个定理，并且非常深远地影响着分布式领域和数据库领域。

16.1.2 CAP 的定义

CAP 这三个字母分别代表了 Consistency（一致性）、Availability（可用性）、Partition-tolerance（分区容忍性），CAP 定理总体上讲述了在分布式系统中，这三个属性不能同时获得。

具体来讲，在被证明的 CAP 定理[4]中，这三个属性的定义分别是：

- 一致性：线性一致性（linearibility）。关于线性一致性已经在第 15 章中讲过。
- 可用性：对于分布式系统，如果这个系统持续地可用，那么所有 non-failing（没有失败，也就是能工作）的节点，对于每个接收到的请求都必须产生一个响应。

  这个定义可以被理解为，在这个分布式系统中所使用的算法都必须**最终**（eventually）结束。

- 分区容忍性：**分区**（partition）是指节点之间丢失任意数量的消息。**分区容忍**是指能够容忍任意数量的消息丢失。

在被证明的 CAP 定理中是这样描述的：

在异步网络中，这三个属性不能同时获得。

16.1.3 CAP 定理下的三种系统

既然不能同时获得一致性、可用性和分区容忍性这三个属性，那么就存在三种系统。

- CP 类型系统：也就是具有属性 C 和属性 P 的系统。这种系统在节点之间丢失消息的时候，可以达到线性一致性，但是不具有可用性。
- AP 类型系统：也就是具有属性 A 和属性 P 的系统。这种系统在节点之间丢失消息的时候，可以具有可用性，但是不具有线性一致性。

- CA 类型系统：也就是具有属性 C 和属性 A 的系统。常见的单机数据库就是典型的 CA 类型系统。因为单机数据库是在单个节点上运行的，所以单机数据库满足一致性的要求。因为所有的请求都可以完成，所以其满足可用性的定义。

16.1.4　深入理解 CAP 定理中的 P 和 A

本书第 15 章对属性 C 做了详细的定义和说明，但是对属性 A 和属性 P 没有任何阐述。接下来，我们对属性 P 和属性 A 做一些说明。

1. 属性 P

在分布式系统中，是不可能做到不丢失消息的，所以网络分区一定是存在的。分区容忍是指当出现网络分区时，系统仍然能够保持其所具有的特性不变。例如，在 CP 类型系统中，当出现网络分区时，系统仍然能够保持一致性这个特性；而在 AP 类型系统中，当出现网络分区时，系统仍然能够保持可用性这个特性。也就是说，P 不是一个独立存在的特性，它是伴随着其他特性一起存在的，不存在只具有 P 特性的系统。

然而，分布式系统必须面对丢失消息这个问题，所以这是分布式系统的必选项。对于单机数据库这样的单机系统，只有一个节点，所以不存在节点之间丢失消息，根本不存在网络分区，也就不存在容忍丢失消息，不存在容忍网络分区。

2. 属性 A

系统高可用是我们追求的目标，但是 CAP 定理中的可用性与我们追求的高可用是不一样的。为了清晰地区分，我们将 CAP 定理中的可用性称为 CAP-Availability。

CAP-Availability 既是一种非常严格的可用性，又是一种非常弱的可用性定义。严格在于要求每个请求都必须有响应，只要有一个请求没有响应，就不满足可用性的定义。本书也将 CAP-Availability 称为**完全可用性**。同时 CAP-Availability 也是非常弱的定义，这个定义没有约束在多长时间内给出响应，只要最终给出响应就可以。实际中，如果一个请求长时间没有响应，我们就认为服务是不可用的，虽然这个请求最终会给出响应。例如，一个系统中的所有请求都是在 5 分钟后给出正确的响应的，虽然这符合 CAP 定理中的可用性，但是实际中会认为这个系统是不可用的，因为用户不能容忍刷新一个页面要执行 5 分钟。

CAP-Availability 与比较常见的主备模式系统中的**高可用性**（High Availability，HA）不一样。我们举例来说明这个差异。类似于单机数据库这样的单机系统具有 CAP-Availability，也就是说，发送给这个系统的所有请求都会收到相应的响应。但是单机系统并不具有 HA，当数据库节点宕机后，数据库服务将不可用。HA 一般是指通过副本方式形成一个主备系统，当出现节点宕机或者网络分区时，数据库服务仍然可用。再举一个例子，一个 ZooKeeper 集群有三个节点，当 leader 与其他节点发生网络分区时，连接在 leader 上的客户端将不能再收到写请求的响应，所以不满足 CAP-Availability。但是这时另外两个节点会发生选举，重新选出新的 leader 继续提供服务，所以 ZooKeeper 是一个具有 HA 的系统。同样，当某个 follower 发生网络分区时，发送给这个 follower 的写请求都会失败，不满足 CAP-Availability 的要求，但是这时发送给其他节点的请求仍然可以正确执行，所以服务整体是可用的。从定义和这两个例子中可以看到，CAP-Availability 是不考虑节点宕机的，仅仅考虑非宕机节点是否能够保持可用性。

实际中，一般我们通过 SLA（Service Level Agreement）来描述可用性，即使用可用时间来描述可用性，将其表述成一年之内不可用时长的百分比如 99%、99.9%、99.99%这样的数字指标。比如，99%的意思就是一年当中有 99%的时间是可用的，1%的时间是宕机的。按照一年实际的时间来算，这个百分比可以被换成小时或者分钟数。假如某个系统的可用性为 99.99%，即一年中 99.99%的时间系统都是可用的，0.01%的时间系统是不可用的，在这个不可用的时间里，所有的请求可能都没有响应，而实际中，"4 个 9"的系统是非常高可用的系统，但是并不满足 CAP-Availability。

16.2　关于 CAP 定理的错误理解

对于 CAP 定理存在很多错误的理解，本节我们就梳理对 CAP 定理的错误理解，逐一看看。

16.2.1　不是三选二，不能不选 P

第一个错误理解是，在做系统架构设计时，要在 C、A、P 三个属性中选择两个，做"三选二"的选择题。

这个错误理解产生的原因是，在分布式系统中网络分区是不可避免的，所以 P 是不能不选的。只有在设计一个单机系统时，你才能不考虑 P。只有当单机系统和分布式系统都能满足需求时，你才能做真正的"三选二"的选择题。但是实际中，在解决一个现实的需求时，单机性能不能满足需求，你只能采用分布式架构设计，因此只能在 A 和 C 之间进行选择，在大多数场景下只有一个"二选一"的选择题。

16.2.2 不是三分法

第二个错误理解是，一个系统不是 CP 类型系统，这个系统就是 AP 类型系统。

这个错误理解的根本问题在于，将 CAP 定理错误地理解为一个三分法的方法论或者二分法的方法论。

- 所谓三分法，是指认为所有的系统都可以被归为三类，即 AP 类型系统、CP 类型系统、CA 类型系统，任何一种系统都属于其中之一。
- 所谓二分法，是指认为所有的分布式系统都可以被归为两类，即 AP 类型系统、CP 类型系统，任何一种分布式系统都属于其中之一，一个分布式系统要么被划分到 CP 一边，要么被划分到 AP 一边。

这种三分法或者二分法的 CAP 表述被广泛地使用，这种表述被用来作为分布式系统的设计指南，人们常常给分布式系统戴一顶 CP 的帽子，或者戴一顶 AP 的帽子，恰巧 CAP 也是帽子的意思。

那么，这种三分法或者二分法错在哪里呢？错误原因有两个。

第一，在前面讲到的论证 CAP 定理的 Lynch 的论文[4]中，证明一个系统是不能同时拥有 C、A、P 这三个属性的，并没有证明所有的系统一定属于三种系统之一。产生这个错误理解可能是因为，论文在给出 CAP 定理的定义之后，接着给出了三种系统，也就是 AP 类型系统、CP 类型系统、CA 类型系统。需要注意的是，论文中说明一个系统可以同时具有两个属性，但是这种表述并不等于说，放弃了一个属性就一定会具有另外两个属性。

第二，Lynch 将一致性限定在了线性一致性，将可用性限定在了完全可用性，这两个属性都是非常苛刻的条件：

- 线性一致性，是非常强的一致性模型，第 15 章中讲过。
- 可用性，要求所有的请求都要有结果，不是部分，是所有，这也是非常苛刻的。

由于论文中的定义非常苛刻，让很多系统既不是 CP 类型系统，也不是 AP 类型系统，而是处于这两个分类之外的状态，AP/CP 的二分法就不准确了。

16.2.3　不该轻易放弃任何一个属性

第三个错误理解是，系统的可用性是至关重要的，所以在做架构设计时需要放弃一致性；反之，系统的一致性是至关重要的，所以在做架构设计时需要放弃可用性。

这个错误理解产生的原因同第二个错误理解，因为 CAP 定理不是一个二分法的方法论，放弃一个属性，不能将系统推向另外一端。

16.3　CAP 中的权衡

CAP 定理描述了分布式系统中一个非常重要的架构设计权衡，并且这个权衡对分布式系统的发展产生了深远的影响。

16.3.1　弱 CAP 原则

前面讲了 Eric A. Brewer 在 1999 年提出了 CAP 原则。在论文[3]中，Eric A. Brewer 提出了强 CAP 原则（strong CAP principle），并且之后被证明，成为 CAP 定理。同时，Eric A. Brewer 在论文中还提出了弱 CAP 原则（weak CAP principle）：

"The stronger the guarantees made about any two of strong consistency, high availability, or resilience to partitions, the weaker the guarantees that can be made about the third."（在强一致性、高可用性、分区容忍性三个属性中，任意两个属性越强，第三个属性就越弱。）

不管是 CAP 定理还是弱 CAP 原则，都在说明可用性和一致性之间是对立的，需要在它们之间做出权衡。但是 CAP 定理对 C 和 A 的定义非常严苛，只能衡量很少一部分系统，而弱 CAP 原则则给出了一种更普适的权衡。

对弱 CAP 原则的理解，有两点需要注意。

- 一致性不仅仅是线性一致性，也可以是比线性一致性更弱的一致性模型，例如顺序一致性就是比线性一致性更弱的一种一致性模型。可用性不仅仅是 CAP 定理中的 CAP-Availability 这种完全可用性，也可以是比完全可用性更弱的一种可用性。比如 ZooKeeper 的可用性就是比完全可用性更弱的一种可用性。在大多数实际系统中，一般都同时存在属性 A 和属性 C，只是相对弱一些而已。

- 一个属性变弱，另一个属性可以变强。但是反之，放松一个属性，不一定另一个属性就会自己变强，只是为变强留出了一些空间。

16.3.2 CAP 推动 NoSQL

在 20 世纪 90 年代，传统的单机数据库被广泛使用。但是随着数据量的迅猛增长，需要将数据保存在分布式系统中。人们开始研究和应用 NoSQL 数据库，NoSQL 打破了已经被所有人认可的传统关系型数据库的 ACID 特性，NoSQL 去除了传统数据库的 SQL 接口，同时也去除了传统单机数据库的一致性。为了让 NoSQL 被人们接受，数据库的 BASE 特性被提出来，BASE 引起了广泛的关注和讨论。BASE 是 Basic Available, Soft state, Eventual consistency 的缩写，也就是代表了基本可用、柔性状态、最终一致性。ACID 和 BASE 是对立的，ACID 的支持者不认同 BASE。CAP 就是在 ACID 和 BASE 之间的争论过程中而产生的。传统的单机数据库是 CA 类型系统的代表，新出现的 NoSQL 数据库是 AP 类型系统的代表，CAP 的出现有力地支持了 NoSQL 和 BASE 出现的合理性。也就是说，一个分布式系统不能同时获得 C、A、P 三个属性，即：一个分布式系统不能在保持 ACID 特性的同时，再具有可用性属性，而是必须在 CA 类型系统和 AP 类型系统之间做出权衡。CAP 定理为 NoSQL 运动的落地提供了有力的理论支撑。

16.3.3 分布式系统中的可用性和一致性

为了突破单机数据库的数据存储量的限制，越来越多的分布式系统被设计出来。根据 CAP 定理，分布式系统的设计者往往会在一致性和可用性之间做出权衡。虽然前面 16.2.2 节讲过二分法的分类并不准确，但是它却被广泛地用于分布式系统的设计，从而大大推动了不同类型的分布式系统的出现。同样身为宽表数据库的 Dynamo 和 BigTable，Dynamo 选择了可用性，而具有类似的数据模型和功能的 BigTable 却选择了一致性。

16.4 进一步权衡：HAT 和 PACELC

虽然具有严格定义的 CAP 定理的适用范围很狭窄，但是与弱 CAP 原则一样，它们都反映了分布式系统的一个本质：在分布式系统中，必须在完全可用性、线性一致性、分区容忍性这三个方面做出权衡取舍。但实际上，CAP 并不是分布式系统权衡取舍的全部，我们来继续讲解分布式系统权衡取舍的其他部分。

16.4.1　HAT

Peter Bailis 在 2014 年提出了 HAT[5,6]（HAT 是 High Available Transaction 的缩写）。HAT 比 CAP 更加完整地向我们说明了一致性和可用性之间的权衡取舍关系：

简单来说，就是在 CAP-Availability 的条件下，系统不但不能拥有线性一致性，而且实际上很多种一致性模型，系统也不可能拥有。

Peter Bailis 用图 16.1 向我们说明了这种权衡取舍关系。

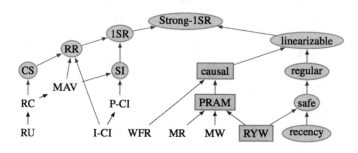

图 16.1　HAT（此图参考 HAT 论文[5]）

图 16.1 中的每个节点都表示一种一致性模型。这些一致性模型，在本书前面的章节中讲过一些，我们再回顾一下。

- RU，即 read uncommitted，在 13.1.1 节详细讲过它。
- RC，即 read committed，在 13.1.1 节详细讲过它。
- RR，即 repeatable read，在 13.1.1 节详细讲过它。
- SI，即 Snapshot Isolation，在 13.2 节详细讲过它。
- 1SR，即 One copy SeRializability 的缩写，也就是 13.1.1 节讲的 serializable。
- linearizable，即第 15 章详细讲的线性一致性。
- Strong-1SR，即 Strong one copy SeRializability 的缩写，这种一致性模型就是第 8 章讲 Google Spanner 系统时，介绍的 Spanner 系统所具有的一致性，在 Spanner 的论文中，将这种一致性称为外部一致性，也有人将这种一致性称为**强串行性**（strong serializability）。它是 serializability 和 linearizability 的组合。

HAT 理论指出，图 16.1 中显示的各种一致性模型，与 CAP-Availability 不能被同时拥有的不仅仅是线性一致性，还有：

- 所有矩形框和圆形框所显示的一致性都是不能被同时拥有的。
- 所有不带框的那些一致性才能与完全可用性被同时拥有。

本书前面讲过的 7 种一致性模型，有 5 种属于前者，有 2 种属于后者。

- 不能被同时拥有的是：linearizability, RR, SI, 1SR, Strong-1SR。
- 能被同时拥有的是：RU, RC。

接下来，对于不能被同时拥有的 5 种一致性模型，我们逐一进行详细说明。

首先，线性一致性不能与 CAP-Availability 被同时拥有，CAP 定理已经详细证明了。

其次，RR、SI、1SR 不能与 CAP-Availability 被同时拥有。通过第 13 章的介绍我们知道，SI 需要阻止丢失更新的出现，而 RR 和 1SR 除了要阻止丢失更新的出现，还要阻止出现写偏斜。其实，具有 CAP-Availability 的系统是不能阻止这两种异常现象出现的。

下面举例说明丢失更新。我们看下面两个事务的执行：

```
T1：-r1(x)--------w1(x=x+2)-->
T2：------w2(x=2)------------>
```

如果事务 T1 和事务 T2 分别在两台服务器上执行，当这两台服务器发生网络分区时，按照 CAP-Availability 定义的要求，两个事务必须都能提交。但是通过第 13 章的讲解我们知道，要想阻止丢失更新，在事务 T1 提交前，必须阻止事务 T2 对数据 x 进行写入，但是两台服务器已经发生网络分区，这就不可能实现了。

接下来举例说明写偏斜。我们看下面两个事务的执行：

```
T1：-r1(y)------w1(x)------->
T2：------r2(x)-------w2(y)->
```

如果事务 T1 和事务 T2 分别在两台服务器上执行，当这两台服务器发生网络分区时，按照 CAP-Availability 定义的要求，两个事务必须都能提交。同样，要阻止写偏斜，必须在事务 T1 提交前，阻止事务 T2 对 x、y 的读取和写入，但是在发生网络分区的情况下，这是不能实现的。

最后，我们来看 Strong-1SR。在具有 CAP-Availability 的系统中，线性一致性和 1SR 都不能获得，那么线性一致性和 1SR 的组合 Strong-1SR，也自然不能获得。

16.4.2 权衡

HAT 告诉我们，这么多的一致性模型，只有很少一部分非常弱的一致性模型能够与 CAP-Availability 被同时拥有。这是不是令你很失望，难道为了 CAP-Availability 只能选择 RU、RC、MR 这些一致性模型吗？按照之前对 RU、RC 这两种模型的介绍，在某些场景下它们不能满足业务的需求，我们需要更高的一致性。

首先，这大部分不能满足 CAP-Availability 的一致性模型，它们的可用性如何呢？虽然这些一致性模型不能达到 CAP-Availability，但是根据具体的实现不同，它们能达到比 CAP-Availability 低的某种可用性。比如线性一致性，如果用 Paxos 协议来实现线性一致性，当三台服务器中的一台服务器与另外两台服务器发生网络分区时，若客户端连接到有两台服务器的一侧，那么系统仍然是可用的，并且可以保证线性一致性。

其次，当我们说可用性时，一般有两种含义，其中一种是架构设计上的可用性，我们讨论的 CAP 和 HAT 中的 CAP-Availability 就属于这种；另一种是我们实际感受到的系统的可用性，也就是系统是否宕机、系统是否可用，我们用另外的数据指标来描述这种可用性更合适一些，那就是前面 16.1.4 节讲的 SLA。

架构设计上的可用性与 SLA 没有必然的联系，在架构设计上达到 CAP-Availability，SLA 不一定就高；在架构设计上没有采用 CAP-Availability，SLA 不一定就低。比如，在 MySQL 的日常使用中，一般都会使用默认的 RR 级别，RR 级别不属于 CAP-Availability，但一般公司的 DBA 都能让 MySQL 保持不错的 SLA。

反过来说，即便是采用 CAP-Availability 的架构设计，SLA 也不一定高。按照笔者的实际经验，某台机器出现故障所引起的系统不可用的概率，要小于由于升级、错误的机器配置、错误的网络配置所引起的系统不可用的概率。后者往往引起一批机器故障、网络断开，甚至整个系统内的所有机器都受影响，即便架构上是 CAP-Availability，这时的系统也会不可用。另外，出现故障后的恢复方案也是影响 SLA 的重要因素，虽然架构上不是 CAP-Availability，但是出现故障之后，可以快速地恢复也能提高 SLA。所以说系统具有各种应急方案是很重要的。

到这里，我们就讲完了 HAT，可以看出，HAT 是一种更宽泛的 CAP。无论是 CAP 还是 HAT，都在讲分布式系统中最重要的一个问题，那就是**权衡（tradeoff）**。

16.4.3 PACELC

CAP 和 HAT 都在讲可用性（Availability）和一致性（Consistency）的权衡，也就是如何在可用性和一致性之间做出选择。但是 HAT 仍然不是分布式系统权衡的全部。在 CAP 提出之后，很多人都在考虑分布式系统的均衡，HAT 是其中之一，还有人提出另外一个非常有参考意义的权衡——PACELC[7]。

PACELC 也是对 CAP 理论的一种扩展。PACELC 这几个字母代表的含义是：

如果出现 Partition，那么需要在 Availability 和 Consistency 之间做出权衡；否则（Else），需要在 Latency 和 Consistency 之间做出选择。

这句话的前半部分和 CAP 定理是一个意思，CAP 定理关注发生网络分区时的情况，但并未涉及没有发生网络分区时的权衡。这句话的后半部分，就是描述在没有发生网络分区的情况下，我们需要在系统延迟和一致性之间做出权衡，越高的一致性，会带来越大的系统延迟。

参考文献

[1] Brewer EA. CAP twelve years later: How the "rules" have changed. Computer, Volume: 45, Issue: 2, Feb. 2012.

[2] Fox A, Brewer EA. Harvest, Yield and Scalable Tolerant Systems. HOTOS '99: Proceedings of the The Seventh Workshop on Hot Topics in Operating Systems, 1999.

[3] Brewer EA. Towards Robust Distributed Systems. PODC '00: Proceedings of the nineteenth annual ACM symposium on Principles of distributed computing, 2000.

[4] Gilbert S, Lynch N. Brewer's conjecture and the feasibility of consistent, available, partition-tolerant web services. ACM SIGACT News, 2002.

[5] Bailis P, Fekete A, Ghodsi A, et al. HAT, not CAP Towards Highly Available Transactions. HotOS'13: Proceedings of the 14th USENIX conference on Hot Topics in Operating Systems, 2013.

[6] Bailis P, Davidson A, Fekete A, et al. Highly Available Transactions: Virtues and Limitations. Proceedings of the VLDB Endowment, 2014.

[7] Abadi D. Consistency Tradeoffs in Modern Distributed Database System Design: CAP is Only Part of the Story. Computer, Volume: 45, Issue: 2, Feb. 2012.